Julia Becker

EINE LEBENDIGE MARKE ERSCHAFFEN

Arbeitsbuch in 7 Schritten

1. Auflage: November 2021

Mariendorfer Weg 50 | 12051 Berlin

textwelten-becker.de

mail@textwelten-becker.de

Covergestaltung:

© Andrea Janas | andreajanas.com

Inhalt

An wen richtet sich dieses Buch?

Dieses Arbeitsbuch ist für alle, die sich gerade mit einer vielversprechenden Geschäftsidee selbständig machen wollen und wissen, dass eine ausgereifte Marke zum Erfolgsrezept dazugehört. Und es ist ebenso für jene, die einem bestehenden Unternehmen das Markenimage geben möchten, das es bisher aus Mangel an Zeit/Wissen/Geld *[hier bitte Ihren Grund auswählen]* noch nicht bekommen hat.

Es ist für Menschen, die ein Unternehmen mit Charakter aufbauen wollen, und bei denen Markenbildung nicht schon mit dem Logo endet. Denn sie haben verstanden, dass ein Unternehmen eine Persönlichkeit braucht, um erfolgreich zu sein. Diese Persönlichkeit ist Ihre Marke. Und mit einer **lebendigen** Marke (also einer Persönlichkeit, die vielschichtig, authentisch und rund ist) haben Sie in Ihrer Branche eine Fußballfeld-Länge Vorsprung vor allen anderen.

Es spielt keine Rolle, ob Sie Solo-Selbständiger sind oder in Ihrer Firma bereits fünf, zehn oder fünfzig Mitarbeiter[1] beschäftigen; ob Sie selbstgenähte Stoffpuppen, Motivationshilfe oder Ihre IT-Kenntnisse verkaufen. Alle erfolgreichen Unternehmen brauchen eine Seele.

Finden Sie sich in dieser Kurzbeschreibung wieder? Prima, dann kann es ja losgehen!

---

[1] Wann immer ich von «Kunden«, «Gründern«, «Freunden«, «Kollegen« und Co. schreibe, meine ich damit alle Menschen ganz unabhängig von ihrem Geschlecht. Denn um eine erfolgreiche Marke aufzubauen, ist das Geschlecht in unserer Gesellschaft mittlerweile zum Glück weitestgehend irrelevant (engstirnige Ausnahmen bestätigen natürlich die Regel).

Was Sie von diesem Buch erwarten können

An dieser Stelle möchte ich Ihnen ein kleines Versprechen geben: Wenn Sie dieses Buch von vorne bis hinten gelesen, alle Aufgaben durchgegrübelt und alle leeren Zeilen gefüllt haben, halten Sie das Fundament Ihrer Marke in den Händen.

Ich will Ihnen nichts vormachen, natürlich wird Ihr Markenkonzept dann noch nicht perfekt sein. Sie werden weitere Stunden in den Feinschliff investieren und vielleicht Grafiker, Texter und/oder Webdesigner engagieren müssen, die Sie unterstützen. Doch als Basis für diese Zusammenarbeiten dienen Ihnen Ihre Antworten und Notizen aus diesem Arbeitsbuch. Sie helfen Ihnen, bei der Umsetzung Ihrer Markenvision den roten Faden an allen losen Enden festzuhalten.

Sie werden die Seele Ihrer Marke in- und auswendig kennen, denn Sie haben sie selbst in kleinen Schritten erarbeitet. Sie werden einen großen Sprung hin zu einer lebendigen und authentischen Marke geschafft haben. Anschließend brauchen Sie Ihre Markenidee nur noch in die Realität umzusetzen. Und wenn Sie wollen, können Sie damit sofort nach diesem Buch loslegen! Es schadet jedoch auch nicht, sich dafür etwas Zeit zu lassen und in zwei, zwölf oder zwanzig Wochen erneut nachzulesen und zu durchdenken, was Sie hier festgehalten haben.

Doch denken Sie nicht zu kompliziert. Als Selbständiger oder Gründer findet man zwar immer irgendwo Optimierungspotential, das ist vermutlich sogar eine essenzielle Fähigkeit erfolgreicher Unternehmer. Doch zerbröseln Sie Ihre Gedanken nicht zu Konfetti, irgendwann muss man einfach loslegen. Der Rest ergibt sich unterwegs.

Herzlichen Glückwunsch!

Warum ich Ihnen schon am Anfang gratuliere? Weil Sie allem Anschein nach eine blendende Geschäftsidee haben, die unsere Welt bereichern wird. Ein Produkt, das seinen Käufern ihr Leben erleichtert und sie noch dazu jedes Mal voller Freude entzückt, wenn sie es sehen. Oder eine Dienstleistung, die Ihren Kunden einen ordentlichen Batzen Arbeit abnimmt und sie obendrein so zufrieden stimmt, dass sie den ganzen Tag vor sich hin summen.

Das klingt ein bisschen zu euphorisch für Ihren Geschmack? Dann bitte ich Sie, dieses Buch vorerst zur Seite zu legen und sich erneut Ihrer Geschäftsidee zu widmen. Sie können keine authentische Marke aufbauen, wenn Sie nicht restlos von Ihrem eigenen Angebot überzeugt sind.

Dies ist kein Ratgeber, um Ihr halbwegs passables Produkt irgendwie unter die Leute zu bringen. Dieses Arbeitsbuch baut auf Ihrer grandiosen Geschäftsidee auf und hilft Ihnen dabei, für diese Idee eine Marke zu entwickeln.

Also, haben Sie Ihre Hausaufgaben gemacht? Finden wir es heraus und beginnen auf den folgenden Seiten mit ein paar einfachen Fragen.

Ihre Geschäftsidee hat sich schon längst bewährt und Sie suchen eigentlich nur nach Unterstützung für Ihre Markenbildung? Dann machen Sie sich doch den Spaß und arbeiten die ersten Seiten dieses Buches dennoch durch. So festigen Sie das Gefühl für Ihr Unternehmen und stolpern vielleicht sogar über das eine oder andere Detail, das Sie verbessern können.

Die Geschäftsidee: Fundament Ihrer Marke

Gehen Sie in sich und beantworten Sie die folgenden Fragen spontan aus dem Bauch heraus. Je intuitiver Sie hier reagieren, desto ehrlicher sind Sie mit sich selbst und Ihrem Projekt – und desto erfolgversprechender verläuft Ihr weiterer Markenaufbau.

Der Platz für Ihre Antworten ist absichtlich auf wenige Zeilen begrenzt, damit Sie lernen, Ihre Idee auf den Punkt zu bringen. Niemand will einen Roman lesen, am allerwenigsten Sie selbst, wenn sie später darauf zurückkommen.

Welchen Nutzen hat Ihre Idee für andere Menschen?

....

....

....

....

Wer profitiert von Ihrer Geschäftsidee am meisten?

....

....

....

....

Inwieweit macht Ihre Geschäftsidee unsere Welt besser?

....

....

....

....

Gibt es Menschen, denen Ihre Geschäftsidee schadet?

....

....

....

....

Warum möchten Sie diese Geschäftsidee realisieren?

....

....

....

....

Soweit so gut. Ihr innerer Kompass verrät Ihnen nun hoffentlich, ob Ihre Geschäftsidee reif für den Markenaufbau ist. Sie müssen mit Ihrer Idee nicht die Welt retten, aber es wäre doch gut, wenn Ihre Motivation über Gewinnmaximierung hinausgeht.

Lassen Sie uns jetzt etwas konkreter werden. Bisher haben Sie hier noch nirgends niedergeschrieben, was Ihre Geschäftsidee tatsächlich ist.

Vielleicht haben Sie für ein Gespräch bei der Bank bereits einen Businessplan erstellt, vielleicht ist er auch im Rahmen eines Gründerworkshops entstanden. Möglicherweise sammeln Sie alle Ideen bisher nur auf einzelnen Post-its, egal. Wichtig ist, dass Sie im Folgenden Ihre Idee noch einmal genau beschreiben, um sich selbst darüber im Klaren zu sein, und auch, um während der Markenbildung immer wieder darauf zurückkommen zu können. Hier geht es nicht um einen Finanzplan, die Wirtschaftlichkeit Ihrer Idee spielt in diesem Buch keine Rolle. Auch die berühmte Stärken-Schwächen-Analyse können Sie getrost weglassen.

Stellen Sie sich vor, Sie sitzen in einem Café an Ihrer Unternehmensidee und der Kellner fragt Sie interessiert, woran Sie arbeiten. Und da Ihr freundlicher Kellner mit keiner Faser seines Seins den Anschein macht, als wolle er Ihre Idee kopieren, und noch dazu einen hervorragenden Cappuccino kredenzt, erzählen Sie ihm prägnant und schlüssig vom Kern Ihrer Erfolgsidee.

Die beste Geschäftsidee der Welt:

Sehr schön, Sie können Ihre Idee in klare Worte fassen, die Ihnen auch hoffentlich in drei oder dreißig Tagen noch sinnvoll erscheinen. Wie gesagt: Herzlichen Glückwunsch!

> **Tipp:** Markieren Sie diese Seite mit einem Knick oder Klebezettel, damit Sie sie schnell wiederfinden.

Warum ist Markenbildung wichtig?

Ich mache es kurz: Eine Marke hebt Sie von all den anderen Unternehmen, Produkten und Dienstleistungen ab, die ein ähnliches Angebot haben wie Sie.

Natürlich gibt es auch erfolgreiche Geschäftsideen, die sich ganz ohne ein Markenkonzept durchgesetzt haben. Der Aufbau einer Marke ist ebenso wenig eine Voraussetzung wie eine Garantie für Erfolg.

Ihr Geschäft steht und fällt mit vielen Faktoren, allen voran mit der Idee selbst, aber auch mit Ihren Fähigkeiten als Unternehmer. Groß zu träumen, Selbstdisziplin, ein gesunder Optimismus, Willenskraft und Resilienz schaden beim Aufbau eines Unternehmens sicher nicht. Ein hilfsbereites Netzwerk, erste zufriedene Kunden, zuverlässige Geschäftspartner, ein solider Vertriebsplan – auch dies hat einen immensen Einfluss auf den Erfolg Ihrer Idee. Aber all das werden Sie in diesem Buch nicht lernen.

Warum also sollten Sie zu dem ohnehin schon immensen Arbeitsaufwand zusätzliche Zeit investieren, um eine Marke zu entwickeln? Weil eine authentische, runde Marke Ihre Erfolgschancen weiter erhöht. Mit einer Marke erschaffen Sie einen Wiedererkennungswert für Ihre Kunden. Sie werden einzigartig. Selbst wenn etliche andere Anbieter eine ähnliche Produktidee haben wie Sie, werden Sie, beziehungsweise Ihr Angebot, über Ihre Marke wiedererkannt.

Eine Marke baut Vertrauen auf, was wiederum die Kundenbindung stärkt. Sie werden weiterempfohlen. Außerdem verknüpft eine Marke Ihr Produkt oder Ihre Dienstleistung mit Emotionen. Und damit meine ich keinen Werbespot, in dem flauschige

Hundewelpen durchs Bild springen, sondern ehrliche und beständige Emotionen, die die Menschen mit Ihrem Unternehmen verbinden.

Im folgenden Abschnitt möchte ich Ihnen erklären, welche Teilbereiche der Markenbildung wichtig sind. Sehen Sie die kommenden Seiten als Trockenübung für Ihr Markenkonzept. Die ganz Ungeduldigen, die mit dem theoretischen Wissen rund um Markenbildung schon bestens vertraut sind, können für die erste Übung auch zu Seite 26 vorspringen. Meine Empfehlung ist es allerdings, dass Sie sich den Wissensteil auch dann durchlesen, wenn Sie bereits gute Vorkenntnisse haben. Ich verspreche auch, dass er relativ kurz und vor allem kurzweilig wird. Anschließend gehen wir zum Praxisteil über und Sie dürfen sich austoben.

Eine kleine Gewissensfrage: Haben Sie die ersten Seiten dieses Buches schon mit Ihrer Handschrift zum Unikat gemacht, darin herumgekritzelt und sich über die ersten Rechtschreibfehler geärgert?

Es gibt keinen Grund, dieses Buch mit Samthandschuhen anzufassen. Es ist ein Arbeitsbuch, also arbeiten Sie damit. Und wenn Sie eher zu den vorsichtigen Menschen gehören, greifen Sie doch einfach zum Bleistift statt Kuli.

Corporate Identity: Die Ebenen einer Marke

Es scheint ein weit verbreiteter Glaube zu sein, dass die Markenbildung mit einem Namen und Logo bereits abgeschlossen ist. Das können Sie natürlich auch so machen. Sinnvoller wäre es aber, wenn Sie Ihrer Marke eine echte Persönlichkeit geben, statt nur eine nette Fassade aufzubauen.

Der Unterschied zwischen einer lebendigen Marke und einer Markenfassade ist, dass erstere aus mehreren Facetten besteht, die harmonisch zusammenwirken. Ihre Markenpersönlichkeit braucht Tiefe, damit sie echt wird. Genau diese Facetten werde ich gleich näher für Sie beleuchten.

Der Fachbegriff, den ich in diesem Buch als Synonym für die Markenbildung nutze, lautet Corporate Identity. Streng genommen handelt es sich bei der Corporate Identity um die Unternehmensidentität. Große Unternehmen haben meist mehrere Marken unter ihrem Dach. Haben Sie gewusst, dass Langnese Eis und Coral Waschmittel zum gleichen Konzern gehören? Bei diesem Beispiel funktionieren die Marken so gut, dass man sie kaum mit ihrem Unternehmen – das ist übrigens Unilever – in Verbindung bringt.

Ich bin Realist und weiß, dass derart große Firmen nicht auf dieses Arbeitsbuch zurückgreifen werden. Sie engagieren stattdessen Brand Manager, Marketingexperten und Kreativagenturen. Wie eingangs erwähnt, spricht dieses Buch eher kleine oder mittelständische Unternehmen an, Familienbetriebe und Solo-Selbständige. Diese Firmen haben meist nur eine Marke, unter der natürlich mehrere Produkte verkauft werden können. Häufig ist es sogar so, dass ein Unternehmen in dieser Größe gleichzeitig die

Marke *ist*. Deshalb verwende ich das Konzept der Corporate Identity in diesem Buch gleichbedeutend mit einer Marke.

Wäre das geklärt, dann legen wir mal los.

Sie wollen eine eigene Identität für Ihr Unternehmen (beziehungsweise Ihre Marke) erschaffen. Verglichen mit uns Menschen ist die Corporate Identity der Teil der Persönlichkeit, den andere von außen wahrnehmen können. Manche Menschen finden Sie wahrscheinlich auf den ersten Blick sympathisch, einige andere wiederum erst auf den zweiten, und einen kleinen Teil mögen Sie vielleicht gar nicht, ohne dass Sie so genau sagen können, woran das liegt. Ähnlich ist es auch mit den Marken. Eine gut aufgebaute Marke spricht Sie auf vielfältigen Ebenen an, und Sie können nicht einmal genau sagen, was Sie daran mögen.

Corporate Design

Selbst wenn wir Ihrer Marke eine Seele geben, ist und bleibt sie etwas Abstraktes. Doch da die meisten Menschen lieber konkret denken, bediene ich mich zur Veranschaulichung der Theorie ab sofort einem nicht ganz sauberen Vergleich. Unser Ziel ist es, Ihrer Marke eine Persönlichkeit zu verleihen, richtig? Was liegt also näher, als die verschiedenen Ebenen der Markenbildung an einer echten Persönlichkeit zu erläutern? Eben. Und wenn ich »echt« sage, meine ich natürlich eine fiktive Person.

Sind Sie bereit für eine kleine Geschichte?

Stellen Sie sich vor, Sie leben in der erfundenen, doch sehr beschaulichen Stadt Obsdorf, irgendwo im ländlichen Bayern. Auf dem zentralen Marktplatz findet jedes Jahr ein über die Ortsgrenze hinaus bekannter Weihnachtsmarkt statt, Sie gehen jeden zweiten Tag im Stadtwald joggen, und der Bäcker begrüßt Sie mit Ihrem Vornamen. Nun stehen kommunale Neuwahlen in Obsdorf an und ein junger Mann ist ehrgeizig genug, als Bürgermeisterkandidat anzutreten. Bisher war er hinter den Kulissen tätig und der Öffentlichkeit wenig bekannt. Doch das will er nun ändern. Wie kann er Ihre Aufmerksamkeit wohl am besten gewinnen?

Zuerst will er von Ihnen gesehen werden. Also bucht er einen teuren Fotografen und lässt diese klassischen Schaut-her-ich-bin-Politiker-Bilder von sich machen, die seine Wahlhelfer anschließend überall in der Stadt aufhängen. So erhalten Sie als sein potentieller Wähler einen ersten Eindruck von ihm.

Was sehen Sie auf dem Plakat? Der Mann hat braunes Haar in einem modernen, kurzen Schnitt, trägt ein himmelblaues Hemd unter einem anthrazitfarbenen Sakko und verzichtet auf eine Krawatte. Neben seinem breiten Lächeln steht sein Name. Nennen wir ihn Emil Pappel. Und wir erfahren, dass er parteilos ist.

Jetzt wissen Sie und die anderen Wähler aus Obsdorf schon einmal, wie dieser neue Politiker eigentlich aussieht und heißt. Ein Anfang, gut. Allein aufgrund dieser Informationen bilden sich die ersten nun schon eine Meinung über ihn. Der eine mag seine Frisur vielleicht nicht und findet ihn deshalb unsympathisch. Die nächste hat ihren Sohn ebenfalls Emil genannt und mag ihn deshalb auf Anhieb.

Obwohl bisher niemand etwas über Emils Persönlichkeit, seine Pläne für die Region oder seine Erfahrungen weiß, packen sie ihn automatisch in eine erste Schublade. Dabei muss es sich weder um die Schublade »mag ich« noch »mag ich nicht« handeln, es kann auch die »ist mir egal«-Schublade sein. Welchen ersten

Eindruck Sie durch das Wahlplakat auch immer von ihm erhalten haben, er ist oft sehr hartnäckig.

Emils Foto, seine Kleidung, seine Frisur, sein Gesichtsausdruck, das alles entspricht dem Corporate Design einer Marke.

Merke: Das Corporate Design ist die visuelle Identität Ihres Unternehmens und besteht aus einem Logo, Farbkonzept, Schriftbild sowie der passenden Bildsprache.

Selbstverständlich gibt sich Emil nicht damit zufrieden, allein mit einem Plakat seine Wähler zu gewinnen. Er will Sie restlos von sich überzeugen. Oder würden Sie jemanden wählen, von dem Sie nichts weiter als ein Foto und den Namen kennen? (Ich hoffe doch nicht!)

Inzwischen wissen Sie schon, dass eine lebendige Marke mehr braucht als ihre Optik. Also geben wir Emil eine Seele.

Corporate Philosophy

Wir sind zurück in Obsdorf. Sonntags beim Bäcker nehmen Sie nicht nur die üblichen vier Roggenbrötchen mit, sondern auch die aktuelle Ausgabe der Lokalzeitung als Leselektüre. Und was entdecken Sie dort auf Seite zwei? Ein Artikel über Emil Pappel! Mal sehen, was über ihn berichtet wird.

Obsdorfer J Tagesblatt

OBSDORFER WILL BÜRGERMEISTER WERDEN!

Als zweiter Sohn des Gutshofbesitzers Walter Pappel aus dem Landkreis Greus kennt Emil Pappel unsere Heimat wie seine Westentasche.

Nach dem Studium der Agrar- und Politikwissenschaften in Berlin und Weimar sowie einem dreijährigen Aufenthalt in Belgien als Berater für nachhaltige Landwirtschaft kehrte er im letzten Jahr nach Obsdorf zurück.

Seither hat der parteilose Jungpolitiker bereits mehrere Landwirte bei der Umstellung auf biodynamische Landwirtschaft unterstützt.

Da wundert es kaum, dass auch sein Wahlprogramm von Nachhaltigkeit und Umweltaktivismus geprägt ist.

Bei erfolgreicher Wahl will sich Emil Pappel für den Bau eines Windparks auf dem früheren Rieselfeld Bracht einsetzen sowie das Feuchtgebiet rund um den Linzer See als Naturschutzgebiet eintragen lassen.

Neben zunehmender Unabhängigkeit von den großen Energiebetreibern erhofft er sich dadurch auch einen Anstieg des Erholungstourismus in der Region, um die Wirtschaft zu stabilisieren.

Am 09. August zwischen 10 und 15 Uhr steht der Bürgermeisterkandidat Emil Pappel auf dem zentralen Marktplatz für Gespräche, Fragen und Anregungen für alle interessierten Bürgerinnen und Bürger zur Verfügung.

Vorausgesetzt, der Journalist dieser Zeitung hat gut recherchiert, wissen Sie nun schon einiges mehr über diesen neuen Kandidaten. Emil scheint besonders im Umweltschutz engagiert zu sein und möchte die Region sowohl nachhaltig als auch wirtschaftlich voranbringen. Seinen Fokus auf Umweltschutz können Sie gut oder schlecht finden, entscheidend ist, dass Sie nun endlich konkreter wissen, wofür der neue Kandidat steht.

Genau wie Emils Wahlprogramm sollte auch Ihre Marke eine Leitmotivation haben. Ein Ziel, das Sie mit Ihrem Produkt oder Ihrer Dienstleistung erreichen wollen. Das kann alles Mögliche sein und muss nicht immer »die Welt retten« lauten. Je konkreter

Sie Ihre Motivation formulieren, desto glaubwürdiger und zielführender ist sie.

Ihre Unternehmensmotivation könnte beispielsweise lauten, dass Sie einer bestimmten Gruppe von Menschen das Leben leichter machen wollen, wie etwa freiberuflichen Künstlern, für die Sie die Verwaltungs- und Organisationsarbeit erledigen. Oder Sie wollen die Belastung des Meeres durch Mikroplastik reduzieren, indem Sie Ihre Kleidermarke aus Naturstoffen auf den Markt bringen. Vielleicht möchten Sie auch alleinerziehende Elternteile dabei unterstützen, mehr Zeit für ihre Gesundheit zu haben, und entwickeln eine flexible App mit individuellem Ernährungs- und Sportprogramm, angepasst auf einen durchstrukturierten Alltag. Ganz egal, was es ist, wenn Sie Ihr Motiv in Ihre Marke integrieren, erzeugen Sie damit automatisch eine Persönlichkeit, mit der sich andere Menschen identifizieren können – oder eben auch nicht identifizieren, doch dann gehören diese Menschen vermutlich ohnehin nicht zu Ihrer Zielgruppe.

Indem Sie Ihre Intention und Werte bestimmen, definieren Sie Ihre Corporate Philosophy. Bauen Sie auf diesen Werten anschließend konkrete Prozesse, Arbeitsweisen und Rituale auf, entwickeln Sie damit Ihre Corporate Culture, die wiederum die täglich gelebte Unternehmensphilosophie darstellt.

Merke: Die Corporate Philosophy umfasst die zugrundeliegenden Werte des Unternehmens und äußert sich durch eine aktiv gestaltete Corporate Culture.

Emil Pappel ist nun nicht länger nur ein nettes Lächeln und ein gestärktes Hemd, sondern ein Mensch mit einer Motivation.

Genauso ist Ihr Unternehmen mit einem Corporate Design und einer Corporate Philosophy eine Marke mit optischem Wiedererkennungswert und einem klaren Standpunkt, den Ihre Kunden in ihr eigenes Wertesystem einordnen können.

Für die Basis einer lebendigen Marke sind diese beiden Facetten schon recht solide, doch es gibt noch mehr Ebenen.

Corporate Behaviour

Nehmen wir einmal an, Sie finden Emil Pappel auf den Wahlplakaten sympathisch und auch in dem Artikel im Obsdorfer Tagesblatt wirkt er auf Sie interessant. Am Termin zur Bürgersprechstunde auf dem Marktplatz hatten Sie allerdings keine Zeit, deshalb wissen Sie noch nicht viel mehr über ihn.

In meiner Realität sind Sie selbst ein großer Umweltschützer, bauen Ihre eigenen Karotten an und haben eine Baumpatenschaft in Uganda, und Sie erhoffen sich durch Emils Umweltschutzziele mehr Investitionen in die regionale Tier- und Pflanzenwelt. Bei Ihrer sonntäglichen Joggingrunde über die Felder stolpern Sie beinah, als Ihnen der Bürgermeisterkandidat höchstpersönlich joggend entgegenläuft. Er kaut beim Laufen den letzten Happen eines Energy-Riegels. Doch als Sie ihm freundlich zunicken wollen (wie oft sieht man schon einen Beinahe-Promi?), frieren Ihre Mundwinkel auf halber Höhe ein, denn Sie beobachten, wie Emil Pappel die Plastikverpackung des Riegels achtlos aufs Feld wirft und an Ihnen vorbeijoggt. Sie sind zu perplex, um darauf zu reagieren, doch im Nachhinein ärgern Sie sich, ihn nicht zur Rede gestellt zu haben.

Keine Frage: Emils Umweltschutzziele und die weggeworfene Verpackung passen nicht zusammen. Seine Aussagen und sein Verhalten sind widersprüchlich und Sie nehmen ihm sein januskÖpfiges Verhalten übel. Heute hat Emil bei Ihnen enorm an Sympathiepunkten eingebüßt.

Stellen Sie sich stattdessen nun ein anderes Szenario vor. Anstatt Emil beim Wegwerfen der Verpackung zu beobachten, sehen Sie, wie er kurz innehält, um eine auf dem Boden liegende Verpackung aufzusammeln und sie in den nächsten Mülleimer zu werfen. Vermutlich wären Sie gleich noch mehr Feuer und Flamme für ihn gewesen und die Chancen stünden nicht schlecht, dass Sie ihm am Wahltag Ihre Stimme geben.

So wie Sie von Emil Pappel erwarten, dass seine Worte mit seinen Taten übereinstimmen, erwarten dies Ihre Kunden auch von Ihrer Marke. Eine kleine Handlung kann Ihre Marke stärken oder sie in den Augen Ihrer Kunden zu einer leeren Hülle degradieren.

Auf Ihr Unternehmen bezogen spiegelt Emils Handeln Ihr Corporate Behaviour wider. Unterstützt das, was Ihr Unternehmen oder mitunter sogar Sie selbst als Privatperson in der Öffentlichkeit tun und unterlassen, das Ziel Ihrer Unternehmensvision? Und steht es im Einklang mit Ihrer Corporate Philosophy? Es ist eine Sache, eine bestimmte Motivation zu kommunizieren, und eine andere, sie auch zu leben.

Merke: Als Corporate Behaviour bezeichnet man das Verhalten eines Unternehmens oder Unternehmers, das im besten Fall in Einklang mit seinen Leitlinien steht.

!

Emil selbst hat von Ihrem Meinungswechsel nichts mitbekommen. Und ob es ihn überhaupt kümmern würde, wissen wir nicht. Lernen wir ihn jetzt also noch besser kennen.

Corporate Language

Willkommen zurück in Obsdorf. Sie erwachen von einer erholsamen Nacht, lauschen dem Gezwitscher der Vögel vor Ihrem Fenster und freuen sich schon auf den neuen Tag. Beim Zähneputzen schalten Sie das Radio ein und siehe da, es läuft gerade ein Interview mit dem nun nicht mehr ganz so sympathischen Kandidaten. Was für ein Zufall! Sie geraten kurz in Versuchung, einfach weiterzuschalten, doch die Neugier siegt und Sie hören Emil einen Augenblick zu.

» Schon seit ich sechs Joar alt war und meinem Vater bei seiner Arbeit als Imker zuschaute, wusste ich, dass ich mich für die Umwelt einsetzen möchte. Die fleißigen Bienen hatten es mir sehr angetan. Ich wollte ihnen etwas zurückgeben, wenn ich ihnen schon den hart erarbeiteten Honig schdahl. Ich aß damals pausenlos Honigsemml, wissen Sie?

Als mein Vater mir erklärte, dass sich die Bienen von den Blüten an Blumen, Sträuchern und Bäumen ernähren, begann ich gleich am nächsten Tag damit, neue Blumen in unseren Garten zu pflanzen. Zum Leidwesen meiner Mutter buddelte ich sie allerdings bei Nachbar Krüger aus ... «

Sie hören Emil Pappel das erste Mal sprechen und lauschen ein wenig gelangweilt seinen Worten, weil Sie seine Liebe für die Umwelt nach Ihrer kleinen Jogging-Begegnung nicht mehr ganz so ernst nehmen. Doch nebenbei dringen unterbewusst ebenso sein Tonfall, die Wortmelodie und Wortwahl, seine Stimmfarbe, Sprechgeschwindigkeit und noch vieles mehr zu Ihnen durch.

Emil verwendet eher lange, verschachtelte Sätze und spricht überwiegend Hochdeutsch, doch auch ein wenig regionale Sprache schlägt sich in seinen Worten nieder, vielleicht oder gerade wenn er über für ihn emotionale Themen spricht. Die Tatsache, dass er Jahre wie »Joar« ausspricht und von Semmeln statt Brötchen redet, verrät uns, dass er anscheinend tatsächlich ziemlich Heimatverbunden ist (erinnern Sie sich, unser Obsdorf liegt ja irgendwo auf dem bayerischen Land). Obwohl er einige Jahre in Berlin und Brüssel gelebt hat, verwendet er weder Berliner Ausdrücke noch Anglizismen, sondern eher die süddeutsche Sprechweise. Dass er allerdings nur bei einigen Worten in diese Ausdrucksweise fällt, zeigt auch, wie sehr er sich bemüht, Hochdeutsch zu sprechen. Sind Sie selbst ein stark heimatverbundener Mensch, ist Emil für Sie dadurch womöglich wieder sympathischer, selbst wenn Sie das nicht sofort bewusst wahrnehmen.

Würden Sie morgen beim Zähneputzen ein weiteres Interview mit Emil hören, in dem er plötzlich deutlich berlinert, würden Sie wohl ganz schön verwirrt aus der Wäsche schauen. Ist das wirklich Emil oder hat er ein Double zum zweiten Interview geschickt? Ihre Skepsis über diesen Mann würde weiter steigen. Das Vertrauen steht auf sehr wackligen Pfeilern.

Dieser kleine Exkurs macht deutlich, dass der Corporate Language eine ebenso wichtige Bedeutung beigemessen werden sollte wie einem einheitlichen Design. Indem Sie Ihrer Marke eine eigene Sprache geben, wird sie authentischer. Dabei müssen Sie keine neuen Wörter erfinden. Es geht allein darum, zu definieren, wie Ihre Marke Ihren Kunden, Mitarbeitern und Geschäftspartnern gegenüber und in der Öffentlichkeit spricht.

Die Corporate Language bezieht sich dabei nicht nur auf das gesprochene Wort: Wenn beispielsweise die Firmenleitung ein Interview gibt oder auch ein Sprecher den Werbeslogan einspricht, sollte dies ebenso mit der schriftlichen Kommunikation nach innen und außen zusammenpassen. Von den Produktbeschreibungen auf Ihrer Website über Ihre Kommentare in den sozialen Medien bis hin zu den Rundmails in Ihrem internen Unternehmensverteiler sollte es einen durchdachten, vorher festgelegten Sprachstil geben. Ansonsten laufen Sie Gefahr, dass Ihre Marke heute ein Bayer und morgen ein Berliner ist.

! **Merke:** Die Corporate Language umfasst den mündlichen und schriftlichen Sprachstil Ihrer Marke, der sowohl in der Kommunikation nach außen als auch innerhalb des Unternehmens klar definiert sein sollte.

Der beste Zeitpunkt zur Markenbildung

Geschafft! Sie haben sich erfolgreich durch den theoretischen Teil gelesen. Lassen wir Emil Pappel nun hinter uns und kommen wir zurück zu Ihnen und Ihrer Marke.

Wann ist es ratsam, sich der Markenbildung zu widmen? Die kurze Antwort: Jetzt. Sie haben sich jetzt dazu entschlossen, dem Konzept einer eigenen Marke näherzukommen, deshalb ist auch jetzt der richtige Zeitpunkt dafür. Wenn Sie noch am Anfang Ihres Unternehmens stehen, ist das die unkomplizierteste Variante, denn dann gibt es keine Bestandskunden oder Geschäftspartner, denen Sie Ihr neues Markenkonzept vorstellen müssen. Doch auch wenn Sie bereits einige Zeit aktiv sind und Ihre Marke nun verändern wollen, ist das gut. Denken Sie nur daran, Ihre Kunden, Partner und Belegschaft über die veränderte Marke zu informieren.

Damit Sie es bis zu diesem Punkte schaffen, finden Sie am Ende dieses Buches eine Hilfestellung, wie Sie anschließend fortfahren können. Doch bevor Sie an die Umsetzung denken, müssen Sie erst einmal loslegen. Also spitzen Sie den Bleistift oder klicken Sie noch dreimal nervös mit dem Kuli und auf geht's.

Die Reihenfolge der sieben Schritte zu Ihrer Marke ist übrigens eine andere, als Sie sie bei der Vorstellung von Emil Pappel kennengelernt haben. Bei Emil nahmen Sie sozusagen den Standpunkt eines Kunden ein, der alles von außen betrachtet. Wir beginnen nun jedoch mit dem Urschleim dessen, was Ihre Unternehmensidee ausmacht und für wen Sie nützlich ist: Ihren Kunden.

Bitte einmal voller Vorfreude lächeln und dann umblättern.

Schritt 1: Zielgruppe – Wer sind Ihre Kunden?

Eine der wohl wichtigsten Fragen, die Sie sich vor dem Aufbau Ihrer Marke stellen müssen, lautet: Wen wollen Sie eigentlich erreichen? Nichts wäre ärgerlicher, als wenn Sie ein rundum starkes Markenprofil aufbauen, nur um anschließend festzustellen, dass Ihre Zielgruppe ganz andere Vorlieben hat als Sie dachten und deshalb gar nicht erst auf Sie aufmerksam wird.

Am Anfang des Buches haben Sie bereits einen grundlegenden Schritt zur Findung Ihrer Zielgruppe getan. Sie haben festgehalten, wer von Ihrer Geschäftsidee profitiert und was der größte Nutzen Ihrer Idee ist (wenn Sie das noch nicht aufgeschrieben haben, wird es jetzt allerhöchste Zeit, das nachzuholen). Lesen Sie sich Ihre eigenen Antworten von Seite 8 noch einmal durch. Ich warte solange.

Gut. Aufbauend auf diesem Wissen definieren wir nun gemeinsam Ihre Zielgruppe. Als erstes geht es darum herauszufinden, warum eigentlich irgendjemand Ihr Produkt kaufen oder Ihre Dienstleistung in Anspruch nehmen sollte. Gibt es ein bestimmtes Problem, das Sie für Ihre Kunden lösen? Oder bieten Sie vielleicht außergewöhnlich gute Unterhaltung? In der folgenden Übung kreisen Sie bitte alle Begriffe ein, die aus Ihrer Sicht auf das gefühlte Ergebnis oder Erlebnis Ihrer Kunden zutreffen. Es gibt außerdem genug Platz, um eigene Wörter zu ergänzen. Machen Sie Gebrauch davon.

Der Nutzen Ihrer Geschäftsidee für Ihre Kunden

Kreisen Sie in dieser Übung die Begriffe ein, die einen Nutzen Ihres Angebots für Ihre Kunden darstellen. Ergänzen Sie das Schaubild um weitere Worte, wenn Ihnen noch mehr potentielle Nutzen für Ihre Geschäftsidee einfallen, und kreisen Sie diese Begriffe dann ebenfalls ein.

ZEITERSPARNIS

UNTERHALTUNG MOBILITÄT

PERSÖNLICHES WACHSTUM

ERFÜLLUNG

GESELLIGKEIT ENTSPANNUNG

GELDERSPARNIS

IMAGESTEIGERUNG SPAß

ÖKOLOGISCHE WERTE

ABENTEUER FORTSCHRITT

WEITERBILDUNG GENUSS

ÄSTHETIK

ERFOLG GESUNDHEIT

UNABHÄNGIGKEIT

FUNKTIONALITÄT ETHISCHE WERTE

Gewichten Sie nun die eingekreisten Begriffe nach Relevanz für Ihre Kunden und schreiben Sie die Top 3 Nutzen Ihrer Unternehmensidee auf.

1 Kundennutzen:

....

2 Kundennutzen:

....

3 Kundennutzen:

....

Anhand dieser drei Aspekte haben Sie nun einen hervorragenden Ausgangspunkt, um Ihre Zielgruppe näher einzukreisen. Schreiben Sie im nächsten Schritt für jeden Ihrer Kundennutzen mindestens drei Personengruppen auf, die von diesem Nutzen besonders profitieren würden. Dies können Menschen mit gleichem Beruf, gleichen Eigenschaften oder gleichen Vorlieben sein (z. B. für den Kundennutzung »Entspannung«: Abteilungsleiter, Alleinerziehende, Perfektionisten).

Vielleicht möchten Sie am liebsten alle und jeden mit Ihrem Produkt ansprechen, doch für die Markenbildung ist es hilfreich, wenn Sie Ihre Kernzielgruppe(n) kennen und Ihre Marke dann auf diese Gruppe(n) ausrichten. Das bedeutet nicht, dass Sie alle anderen Menschen als potentielle Kunden ausschließen. Es bedeutet lediglich, dass Sie sich bei der Markenbildung auf die Personen konzentrieren, die Ihr Produkt oder Ihre Dienstleistung am ehesten gebrauchen können – und Ihnen somit auch den größtmöglichen Erfolg für Ihre Marke in Aussicht stellen.

Denken Sie bei der Auswahl der Gruppen nicht an Ihr Angebot, sondern konzentrieren Sie sich nur auf Ihre drei ausgewählten Kundennutzen und wer davon profitieren kann.

1 Personengruppen für Nutzen 1:

....

....

....

2 Personengruppen für Nutzen 2:

....

....

....

3 Personengruppen für Nutzen 3:

....

....

....

Nun haben Sie mindestens neun Personengruppen, die an Ihrer Geschäftsidee potentiell interessiert sind. Mit diesem Wissen grenzen wir Ihre Zielgruppe weiter ein und gehen noch näher an Ihre zukünftigen Kunden heran.

Schauen Sie sich Ihre neun Personengruppen an. Ist es möglich, dass derselbe Mensch zu mehreren dieser Gruppen gehört?

Vermutlich ja. Lassen Sie vor Ihrem inneren Auge eine Person lebendig werden, die zu vielen, vielleicht sogar allen Gruppen gleichzeitig gehört. Haben Sie viele Gruppen aufgeschrieben, die sich gegenseitig ausschließen, dann picken Sie aus dem Bauch heraus eine dieser Gruppen für Ihre erdachte Person heraus. Es ist nicht schlimm, wenn andere dafür gerade weniger Beachtung bekommen. Wir kommen später wieder auf sie zu sprechen.

Die Zielgruppe eingrenzen

Zurück zu Ihrer ausgedachten Beispielperson. Was ist er oder sie für ein Mensch? Gewichten Sie die folgenden Vorlieben und Eigenschaften so, wie Sie sich diesen Menschen vorstellen.

BASISDATEN

MÄNNLICH ○ WEIBLICH ○ DIVERS ○

JUNG	○○○○○	ALT
LÄNDLICH	○○○○○	STÄDTISCH
VERMÖGEND	○○○○○	MITTELLOS
SINGLE	○○○○○	GROẞFAMILIE
ÖFFENTLICH	○○○○○	ANONYM
ALTERNATIV	○○○○○	ANGEPASST
INDIVIDUELL	○○○○○	GEMEINSCHAFTLICH

CHARAKTEREIGENSCHAFTEN

EMOTIONAL	○○○○○	SACHLICH
SPONTAN	○○○○○	PLANEND
SPARSAM	○○○○○	FREIGIEBIG
VERSPIELT	○○○○○	FORMELL
ENGAGIERT	○○○○○	DISTANZIERT
RISIKOBEREIT	○○○○○	VORSICHTIG
FAKTISCH	○○○○○	SPIRITUELL

PERSÖNLICHE VORLIEBEN

RUHIG	○○○○○	LAUT
ABSTRAKT	○○○○○	ANSCHAULICH
VIELSCHICHTIG	○○○○○	DIREKT
CHAOTISCH	○○○○○	GEORDNET
GLOBAL	○○○○○	REGIONAL
PREMIUM	○○○○○	PREISWERT
KLASSISCH	○○○○○	MODERN
SPORTLICH	○○○○○	GEMÜTLICH

Steckbrief Ihres typischen Kunden

Nun haben Sie sich schön warm gedacht und einen ersten potentiellen Traumkunden erschaffen. Fügen wir dieser Person zwei Freunde an die Seite, damit sie nicht so einsam ist – und natürlich, um der Vielfalt Ihrer Kunden gerecht zu werden.

Füllen Sie die folgenden drei Steckbriefe aus. Denken Sie sich dabei Personen aus, die die ganze Bandbreite Ihrer potentiellen Kunden widerspiegeln. Nehmen Sie Ihre erarbeiteten Personengruppen sowie die Gewichtung der Eigenschaften und Vorlieben zur Hilfe. Es ist möglich, dass sich Ihre Kunden sehr ähneln oder auch ziemlich verschieden sind. Wenn Sie nicht auf alle Felder spontan eine Antwort wissen, starten Sie mit den für Sie einfachen Zeilen.

Traumkunde 1:

NAME: ....

ALTER: .... GESCHLECHT: ....

FAMILIENSTAND: ....

WOHNORT: ....

BERUF: ....

BILDUNGSSTAND: ....

KAUFVERHALTEN: ....

INTERESSE AN: ....

LEBENSMOTTO: ....

Traumkunde 2:

NAME: ....

ALTER: .... GESCHLECHT: ....

FAMILIENSTAND: ....

WOHNORT: ....

BERUF: ....

BILDUNGSSTAND: ....

KAUFVERHALTEN: ....

INTERESSE AN: ....

LEBENSMOTTO: ....

Traumkunde 3:

NAME: ....

ALTER: .... GESCHLECHT: ....

FAMILIENSTAND: ....

WOHNORT: ....

BERUF: ....

BILDUNGSSTAND: ....

KAUFVERHALTEN: ....

INTERESSE AN: ....

LEBENSMOTTO: ....

Schritt 2: Identitätsfindung – Der Rahmen

Nachdem Sie Ihre Kunden nun besser kennen und wissen, für wen Sie das alles eigentlich machen, schauen wir uns jetzt endlich Ihre Marke genauer an. Dabei ist es hilfreich, Ihre drei Kunden-Archetypen ab und an anzuschauen und sich die Frage zu stellen: »Würden sich genau diese Menschen von meiner Marke angesprochen fühlen?«.

Beginnen wir direkt weit in der Zukunft mit den ganz großen Wünschen. Stellen Sie sich vor, Ihre Marke ist seit über 10 Jahren etabliert. Sie sind Marktführer in Ihrem Wunschsegment, kein anderes Unternehmen kann Ihnen das Wasser reichen. Ihre Kunden sind loyal und kommen zu Ihnen, weil sie von Ihrem Angebot überzeugt und von Ihrer Marke restlos begeistert sind. Altern Sie für einen kurzen Moment um diese 10 Jahre und schreiben Sie auf, was Ihre Kunden an Ihrer Marke so wertschätzen. Das kann alles sein: Vielleicht treffen Sie genau den Zeitgeist, sind besonders transparent, haben einen herausragenden Kundenservice, sind superwitzig oder sozial engagiert. Keine falsche Bescheidenheit!

Meine Kunden lieben an meiner Marke:

....

....

....

....

....

....

Schön. Ist es nicht ein tolles Gefühl, so geschätzt zu werden?

Tasten wir uns nun näher an den Charakter Ihrer Marke heran. Die Antworten auf die folgenden Fragen sind sehr individuell. Damit Sie später noch wissen, warum Sie sich für diese oder jene Antwort entschieden haben, schreiben Sie eine Begründung für Ihre Wahl auf. Gönnen Sie sich den Spaß dieser vielleicht eher ungewöhnlichen Übung und antworten Sie auch hier spontan.

? Stellen Sie sich vor, Ihre Marke ist ein berühmter Schauspieler. Wer wäre sie?

....

Warum?

....

....

? Wäre Ihre Marke eine Musikrichtung, welche Art von Musik wäre sie?

....

Warum?

....

....

? Wäre Ihre Marke eine Blume, welche Blume wäre sie?

....

Warum?

....

....

? Wenn Ihre Marke ein köstlich zubereitetes Gericht wäre, welches wäre sie?

....

Warum?

....

....

Lebensmittel, Stars, Musik – fast jeder verknüpft mit konkreten Dingen bestimmte Emotionen. Indem Sie sich vor Augen führen, mit welchen Objekten oder Personen Sie Ihre Marke identifizieren möchten, nähern Sie sich den Eigenschaften an, die sie verkörpern soll.

Nun sind Sie aufgewärmt und haben beim Aufschreiben vielleicht sogar schon den einen oder anderen Aha-Moment erlebt. Vertiefen wir diese Übung weiter.

Ihre Marke als Tier

Ferrari, Jack Wolfskin, Red Bull, WWF, Einhorn Kondome ... die Liste ließe sich noch lange fortsetzen. Viele bekannte Marken identifizieren sich mit einem Tier (oder Fabeltier), das oft ihr Logo und manchmal sogar den Markennamen prägt. Nach der vorangegangenen Übung haben Sie bereits erste Assoziationen zwischen Ihrer Marke und scheinbar unzusammenhängenden Dingen oder Personen hergestellt. Ein Tier für Ihre Marke zu finden ist die Sahnekirsche dieser Übung.

Erschrecken Sie nicht, Sie sollen Ihrer Marke weder Tierlogo noch -namen verpassen (es sei denn natürlich, Sie möchten das), doch viele Menschen verbinden mit bestimmten Tieren konkrete Eigenschaften. Manchmal sind diese Verknüpfungen eher individuell, manchmal sind sich aber auch alle einig, dass die Biene fleißig, der Löwe mutig und der Fuchs schlau ist. Indem Sie sich darüber im Klaren werden, welchem Tier Ihre Marke entspricht, schenken Sie ihr durch die mit ihm assoziierten Eigenschaften bereits einen Teil seiner Seele. Betrachten Sie das Tier als den Schutzpatron Ihrer Marke. Ob Sie anderen von diesem Schutzpatron erzählen, entscheiden Sie selbst.

Schauen Sie sich zu Beginn dieser Übung Ihre Begründungen für die Auswahl der vorherigen Antworten an und filtern Sie alle Adjektive heraus, die Sie aufgeschrieben haben.

Schauspieler: Adjektive

....

....

....

Musikrichtung: Adjektive

....

....

....

Blume: Adjektive

....

....

....

Gericht: Adjektive

....

....

....

Nun blättern Sie zurück zu Seite 34 und listen hier im nächsten Absatz abschließend alle Adjektive auf, die Sie in der Kurzbeschreibung zu »Was Kunden an Ihrer Marke lieben« notiert haben. Wenn Sie Adjektive eher umschrieben haben, formulieren Sie Ihre Kernargumente in passende Adjektive um.

Kundensicht: Adjektive

....

....

....

Vielleicht fällt Ihnen sogar auf, dass manchmal die gleichen Adjektive sowohl bei der einen Übung als auch bei der anderen auftauchen. Wenn Sie Spaß an der Sprache haben und sich gern vielseitig ausdrücken, kann es auch sein, dass einige Wörter Synonyme füreinander sind. Nehmen Sie sich die Zeit (und wenn nötig einen Notizzettel), um aus beiden Beschreibungen die fünf Wörter herauszufiltern, die Ihnen in Bezug auf Ihre Marke am meisten zusagen. Ein Indiz kann es sein, dass Sie einige Adjektive mehrmals benutzt haben. Gibt es viele Wörter, die eine ähnliche Eigenschaft beschreiben, entscheiden Sie sich für das Wort, was die stärksten positiven Reaktionen in Ihnen auslöst.

Ihre Marke in fünf Adjektiven:

1 ....

2 ....

3 ....

4 ....

5 ....

> **Memo:** Auch zu dieser kleinen Liste werden Sie hin und wieder zurückblättern wollen, um sich den Kern Ihrer Markenidee in Erinnerung zu rufen. Markieren Sie sie.

!

»Wann darf ich denn endlich meinen tierischen Schutzpatron auswählen?«, fragen Sie sich vielleicht. Nur Geduld. Nachdem Sie Ihre Top 5 der beschreibenden Adjektive identifiziert haben, begeben wir uns ins Tierreich. Betrachten Sie jedes der fünf Wörter einzeln und notieren Sie drei verschiedene Tiere, die Sie mit der jeweiligen Eigenschaft assoziieren. Natürlich dürfen Sie Tiere auch doppelt aufschreiben.

Tiere zu 1. ....

Tiere zu 2. ....

Tiere zu 3. ....

Tiere zu 4. ....

Tiere zu 5. ....

Nun streichen Sie alle Tiere durch, die Sie nicht mögen.

Na, wie viele bleiben übrig? Fünf? Drei? Wählen Sie von den noch nicht durchgestrichenen Tierarten jetzt spontan das Tier aus, welches Sie am meisten anspricht. Das Tier, das dieses kleine Feuer in Ihrem Bauch zum Flackern bringt und bei dem Sie denken »Du bist einfach das Coolste von allen hier auf dieser Liste.«

Geben Sie Ihrem neu entdeckten Schutzpatron auf der folgenden Seite ein Gesicht.

Ihr Schutzpatron

Tierart: ....

Name (aus Spaß an der Freude): ....

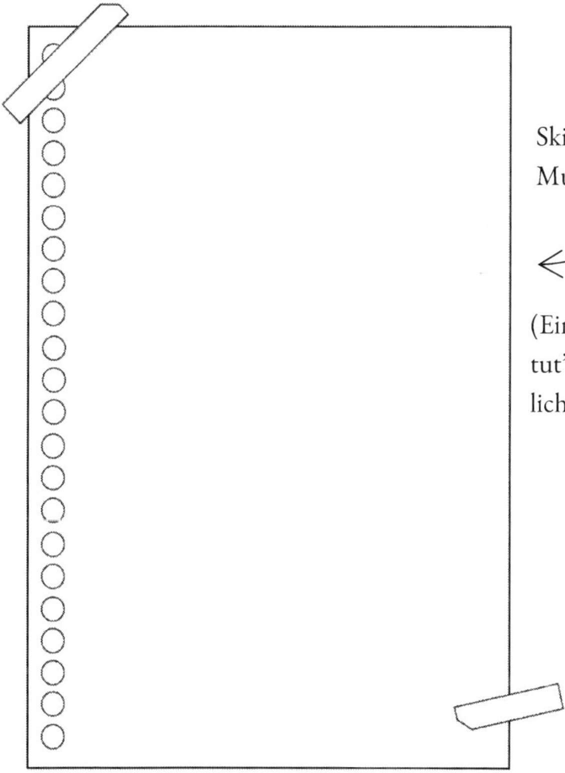

Skizze (nur Mut!)

(Ein Foto tut's natürlich auch)

Eigenschaften: ....

....

....

Schritt 3: Corporate Philosophy – Die Essenz

Erinnern Sie sich an die vier kleinen Eingangsfragen zu Ihrer Geschäftsidee? Und haben Sie sie ehrlich beantwortet? Perfekt, denn diese Fragen bilden ein gutes Fundament, auf dem Sie Ihre Unternehmensphilosophie aufbauen können. Am Ende dieses Kapitels werden Sie Ihre vollständig ausformulierte Corporate Philosophy in der Hand halten. Wie klingt das? Möglicherweise möchten Sie später noch daran feilen, doch vielleicht sind Sie mit dem ersten Entwurf auch schon rundum zufrieden.

Für einige klingt das Wort Philosophie sehr komplex und wichtig, so dass sie es voller Ehrfurcht betrachten. Doch am Ende des Tages ist Philosophie auch nur die Ansicht eines Einzelnen auf ein bestimmtes Thema. Hier geht es also darum, Ihre Sicht des Kerns Ihrer Marke festzuhalten.

Um Ihnen diese Übung zu erleichtern, begleite ich Sie mit einem Beispiel hindurch. Stellen Sie sich vor, ich produziere Etui-Taschen zur Aufbewahrung von Reisedokumenten aus Kork und Baumwolle. Klingt ganz nett, oder? Also gut, dann legen wir beide mal los (jetzt bin ich auch ein bisschen aufgeregt).

Auf welches Ziel arbeitet Ihr Unternehmen hin?

Wenn ich Sie mitten in der Nacht aus dem Schlaf aufwecken würde und Ihnen diese Frage stelle, sollten Sie keine zwei Sekunden brauchen, um eine Antwort parat zu haben (abgesehen von den fünf Sekunden Empörung, was ich in Ihrem Schlafzimmer zu suchen habe). Das Ziel Ihres Unternehmens ist es natürlich nicht, möglichst viel Geld in möglichst kurzer Zeit zu machen. Und wenn doch, überlegen Sie sich ein neues Geschäftsmodell.

Sie müssen Ihren Kunden einen echten Nutzen liefern, einen Mehrwert. Im besten Fall lösen Sie für sie ein konkretes Problem, das Ihre Kunden ohne Sie nur schwer bewältigen würden. Einen ersten Anhaltspunkt dafür haben Sie bereits im Kapitel über Ihre Zielgruppe definiert. Außerdem bin ich felsenfest davon überzeugt, dass Sie sich darüber schon vor dem Kauf dieses Arbeitsbuches Gedanken gemacht haben.

Bei den Reise-Etuis ist die Sache ziemlich einfach:

Ich will Menschen dabei helfen, auf ihren Reisen alle wichtigen Dokumente mit einem Handgriff parat zu haben.

Kein Wühlen mehr in der Handtasche und kein beschleunigter Puls an der Passkontrolle, wenn der Ausweis nicht zu finden ist.

Als nächstes sind Sie an der Reihe.

Mein Unternehmensziel:

....

....

....

....

....

....

....

....

Welche Leidenschaften treiben Sie an, dieses Ziel zu erreichen?

Diese Aufgabe fällt Ihnen vermutlich ebenso leicht wie die letzte, denn hier müssen Sie lediglich Revue passieren lassen, wie Sie ursprünglich auf Ihre Geschäftsidee gekommen sind.

Häufig ist der Ursprung einer Idee eine bestimmte Emotion, die Sie überhaupt erst dazu gebracht hat, diese Geschäftsidee zu entwickeln. Warum wollen Sie genau diese Idee umsetzen? Mit welchen Gefühlen stehen Sie jeden Morgen auf und können nicht erwarten, den Tag über an Ihrem Unternehmen zu arbeiten? Dies können ganz vielfältige Emotionen sein, schreiben Sie einfach alle auf, die zutreffen.

Bei meinen Reise-Etuis aus Kork und Baumwolle klingt das wie folgt:

Ich liebe das Verreisen. Besonders die Leichtigkeit und Vorfreude, das Freiheitsgefühl und den Hauch von Abenteuer, die sie in mir auslösen, haben es mir angetan.

In meinem Umfeld beobachte ich aber viele Menschen, deren Reisevorbereitungen von Stress geprägt sind. Ich will ihnen diesen Stress nehmen und stattdessen Vorfreude schenken, wenn sie anstelle einer faltigen Plastikhülle natürliche, samtige Materialien mit schönen Mustern in der Hand halten.

Die Vorbereitungen sollen sich leicht anfühlen, anstatt Stress zu verbreiten. Reisen ist etwas so Wertvolles, dass wir jede Sekunde davon genießen müssen.

Nun wieder Sie.

Meine treibenden Leidenschaften:

....

....

....

....

....

....

....

....

....

....

....

....

....

Wem nützt Ihr Unternehmen am meisten?

Wenn Sie den Abschnitt zur Kundenanalyse sorgfältig durchgearbeitet haben, wird die Antwort hierzu nur so aus Ihnen heraussprudeln. Fassen Sie zusammen, welche Menschen von Ihrer Dienstleistung oder Ihrem Produkt profitieren.

Lesen Sie sich Ihr Unternehmensziel noch einmal durch und überlegen Sie, wer von dem darin gelösten Problem oder zusätzlichen Nutzen einen Vorteil hat.

Bei den Reise-Etuis ist die Sache glasklar:

Die Etui-Taschen sind für Vielreisende gemacht (egal ob beruflich oder privat), die sich gern organisieren, und besonders auch solche, die sich dringend mehr organisieren sollten.

Menschen, die keine Lust mehr haben, voller Stress in den Urlaub zu fahren. Und Leute, die sich an zweckmäßigen und gleichzeitig schönen Dingen erfreuen, die aus natürlichen Materialien hergestellt wurden und sogar noch vegan sind.

Und jetzt gebe ich wieder an Sie ab.

Für wen mache ich das alles:

....

....

....

....

....

....

....

....

....

....

Welche Werte begleiten Ihr Unternehmen?

Neben der zugrunde liegenden Leidenschaft für Ihre Geschäftsidee sollten Sie auch die Werte identifizieren, die für Sie damit in Zusammenhang stehen. Dies müssen nicht immer vermeintlich große Dinge sein, wie Liebe, Nachhaltigkeit oder Hoffnung. Auch aktuell weniger beachtete Werte dürfen für Sie im Vordergrund stehen. Das Wesentliche an dieser Übung ist es, dass Sie ehrlich in Bezug auf Ihre Werte sind und nicht wohlklingende Worte aufschreiben, nur weil Sie glauben, dass andere sie hören wollen.

Mögliche Werte hinter den Etui-Taschen könnten die folgenden sein:

> *Hinter der Funktion verbergen sich Ordnung und Sicherheit. Das Design soll Ästhetik ausstrahlen. Und die ausgewählten Materialien stehen für Natürlichkeit und Qualität.*

Wenn es Ihnen schwerfällt, überhaupt konkrete Werte zu identifizieren, soll Ihnen diese kleine (und keinesfalls vollständige) Liste an möglichen Werten auf die Sprünge helfen:

Bescheidenheit, Erfüllung, Verlässlichkeit, Menschlichkeit, Erfolg, Gesundheit, Spaß, Leichtlebigkeit, Stabilität, Ruhm, Freiheit, Leidenschaft, Schönheit, Fortschritt, Unabhängigkeit, Vertrauen, Transparenz, Treue, Toleranz, Dankbarkeit.

Und nun Sie.

Die Werte meiner Marke:

....

....

....

....

....

....

....

Wie erreichen Sie Ihr Unternehmensziel?

An diesem Punkt formulieren Sie aus, mit welchem Produkt oder welcher Dienstleistung Sie Ihr in der ersten Frage definiertes Unternehmensziel umsetzen wollen.

Ich produziere und verkaufe Reise-Etuis aus Baumwolle und Kork in optisch ansprechenden Mustern und Farben.

Und ich übergebe das Wort wieder an Sie.

Hiermit erreiche ich mein Unternehmensziel:

....

....

....

....

Ihre Unternehmensphilosophie

Sie sind schon fast am Ziel! Kinderleicht, sage ich doch. Nun nehmen Sie die Kernelemente Ihrer Antworten zu den vorangegangenen fünf Abschnitten und fügen sie zu Ihrer Corporate Philosophy zusammen. Das mag Ihnen jetzt erstaunlich simpel erscheinen, nun ja, vielleicht ist es das auch.

Der Trick ist es, die fünf Elemente in der richtigen Reihenfolge miteinander zu verknüpfen, schon haben Sie Ihre Unternehmensphilosophie. Der Satzbau gliedert sich wie folgt:

[Ihre Leidenschaft] ... [Ihr Ziel] ... [Ihre Lösung] ... [Ihre Kunden] ... [Ihre Werte].

Ich liebe das Verreisen und besonders die Begeisterung, die ich während der Vorbereitungen spüre ***[Leidenschaft]*** *und möchte anderen dabei helfen, ihren Stress abzuschütteln und diese Vorfreude ebenfalls zu genießen* ***[Ziel]****.*

Deshalb produziere und verkaufe ich hübsche Reise-Etuis aus Baumwolle und Kork ***[Lösung]*** *für Menschen, die selbst viel unterwegs sind und Unterstützung beim strukturierten Packen benötigen* ***[Kunden]****, damit sie sich auf ihrer Reise sicher fühlen und sich gleichzeitig an Schönheit und Qualität erfreuen können* ***[Werte]****.*

Lassen Sie sich bei den Formulierungen Zeit und korrigieren Sie ruhig, wenn Ihnen ein Satz nicht gefällt. Es geht nicht darum, dass Ihre Unternehmensphilosophie perfekt in Worte gefasst ist, sondern darum, dass Sie sich inhaltlich verdeutlichen, was hinter Ihrer Unternehmensidee steckt und welches Potential sie hat.

Meine Corporate Philosophy:

Memo: Markieren Sie sich auch diese Seite.

Schritt 4: Namensfindung – Hallo, ich heiße ...

Kaum eine Entscheidung erscheint so weitreichend wie die Namensfindung. Andere Parameter lassen sich leichter umgestalten, doch ein Markenname wird nur selten geändert. Erinnern Sie sich noch, wie aus Raider Twix wurde? Die Firma Mars. Inc. inszenierte dafür eine Kampagne, von der man nur dann nichts mitbekam, wenn man damals noch nicht auf der Welt war.

Machen wir uns daran, einen Markennamen zu finden, mit dem Sie so zufrieden sind, dass Sie ihn nie ändern wollen.

In der ersten Übung erschaffen Sie drei Mindmaps. Eine Mindmap visualisiert Ihre Gedanken in einer Art Baumstruktur. In die Mitte schreiben Sie einen Ausgangsbegriff. Um diesen Begriff herum schreiben Sie weitere Begriffe, die Sie mit dem ersten assoziieren. In einer nächsten Runde gehen Sie noch weiter nach außen. Am Ende entsteht ein Schaubild, das in etwa so aussieht:

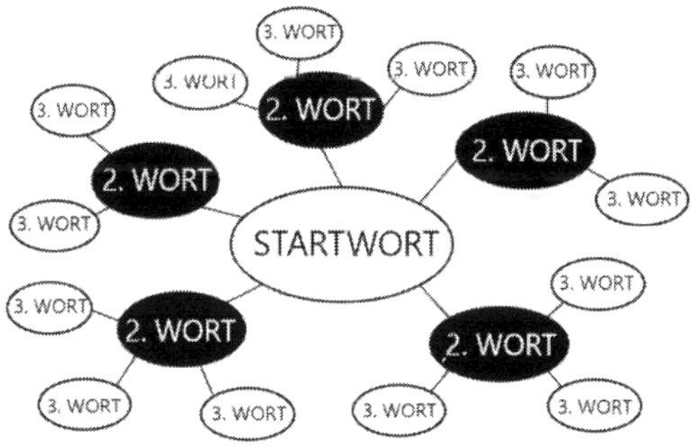

Nutzen Sie sowohl Adjektive, Verben, Substantive als auch kleine Wortgruppen. Alles ist erlaubt und auch scheinbar weit entfernte Wörter können zum Ziel führen. Viel Spaß!

1 Mindmap

Für die erste Mindmap schreiben Sie Ihr Produkt oder Ihre Dienstleistung als Ausgangswort in die Mitte und finden dazu passende Wörter.

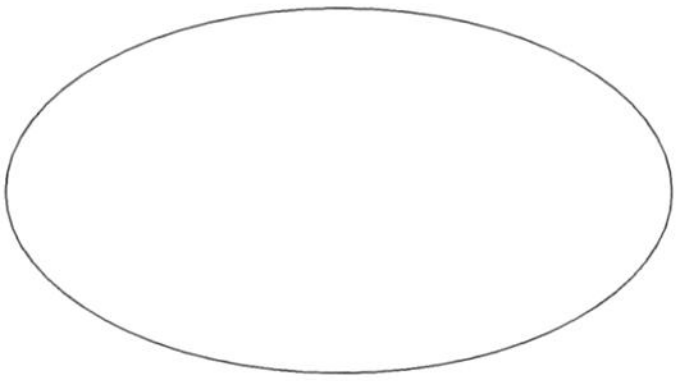

2 Mindmap

Erinnern Sie sich noch an das Tier, das Sie als Patron gewählt haben? Nehmen Sie hier die Tierart Ihres Schutzpatrons als erstes Wort der Mindmap.

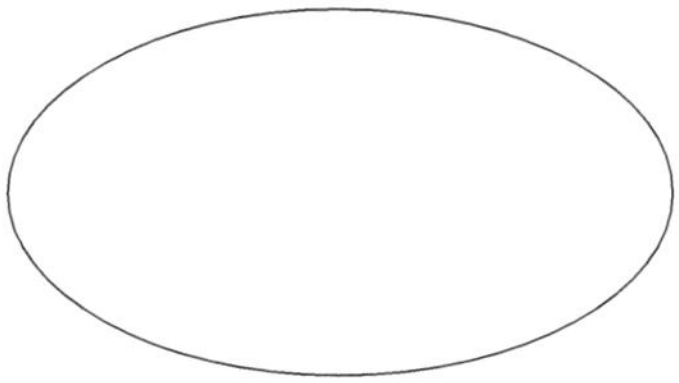

3

Mindmap

Für die letzte Mindmap wählen Sie als Startwort eines Ihrer fünf Adjektive von Seite 39. Nehmen Sie das Wort, welches Sie am meisten inspiriert.

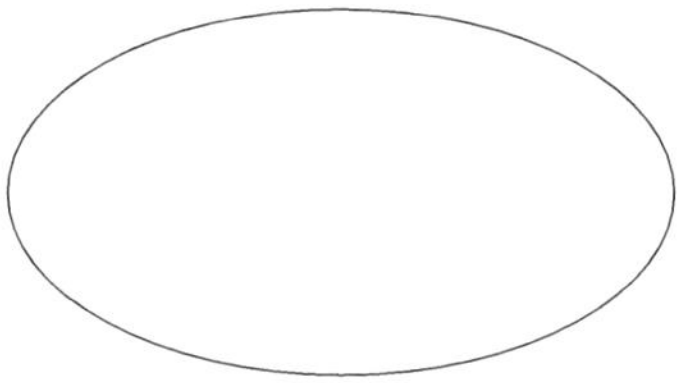

Zur Übersicht übertragen Sie nun alle Wörter aus Ihren drei Mindmaps in die folgenden Listen. Vergessen Sie nicht, auch das Ursprungswort jeder Mindmap mit aufzuschreiben.

Markenfokus	Schutzpatron	Inspiration
....	....	....
....	....	....
....	....	....
....	....	....
....	....	....
....	....	....
....	....	....
....	....	....
....	....	....
....	....	....
....	....	....
....	....	....
....	....	....
....	....	....
....	....	....
....	....	....
....	....	....

Wir kommen gleich wieder darauf zurück, doch zuvor …

Fragen zur Namensfindung

Machen Sie sich vor dem kreativen Prozess der Namensfindung über einige grundlegende Fragen Gedanken.

? Soll mein Markenname in Deutsch, Englisch oder einer anderen Fremdsprache sein?

Diese Entscheidung hängt sowohl von Ihrer Zielgruppe als auch Ihren persönlichen Vorlieben ab.

Notiz: ....

....

? Kommt ein Kunstname, also eine völlig neue Wortschöpfung, für mich infrage?

Erfundene Wörter sind Unikate, können aber auch verwirren. Ein begleitender Claim (ein zusätzlicher, kurzer Spruch unter dem Markennamen) kann dann Klarheit schaffen.

Notiz: ....

....

? Möchte ich meinen Klarnamen oder einen Teil davon in den Markennamen einfließen lassen?

In einigen Branchen ist es üblich, dass der Name des Inhabers im Firmennamen auftaucht. Für manche Rechtsformen ist es sogar vorgeschrieben, dass Sie unter Ihrem Klarnamen auftreten.

Notiz: ....

....

Erschaffen Sie Ihren Markennamen

Mit diesen drei elementaren Fragen im Hinterkopf springen wir direkt weiter in die aufregende Welt der Kreativität.

Schauen Sie sich die drei Listen Ihrer Mindmaps an und kreieren Sie auf dieser Ausgangsbasis verschiedene Namensmöglichkeiten für Ihre Marke. Nutzen Sie die Listen als Inspiration. Sie wollen einen Namen auf Französisch? Super, arbeiten Sie mit den Übersetzungen Ihrer Ideen. Sie haben entschieden, Ihren Klarnamen einzubauen? Kombinieren Sie Ihren Vor- und/oder Nachnamen mit Wörtern aus der Liste.

Denken Sie daran, auch mit Abkürzungen, Synonymen oder neuen Wortkombinationen zu spielen. Bei sehr abstrakten Namen können Sie später durch einen zusätzlichen Claim den Fokus Ihrer Marke verdeutlichen. Erschaffen Sie möglichst nur Namen, die aus einem oder zwei, maximal drei Wörtern bestehen.

Ideenpool möglicher Markennamen:

....

....

....

....

....

....

....

....

....

Sehr gut! Sehen Sie, wie leicht es ist, sich einen Markennamen auszudenken? Ob ein Name erfolgreich ist, steht natürlich auf einem anderen Blatt. Darum kümmern wir uns nun.

* Streichen Sie alle Namen aus Ihrem Pool, bei denen Sie an eine andere Person oder Marke denken.
* Nun streichen Sie alle Namen, bei denen nicht klar ist, wie man sie aussprechen soll.
* Abschließend streichen Sie noch alle Namen durch, die Ihnen auf den zweiten Blick nicht mehr gefallen.

Sie sollten die Liste nun auf mindestens die Hälfte reduziert haben, wenn nicht sogar noch weniger. Folgende Namensideen bleiben übrig:

....

....

....

....

....

....

Nehmen Sie sich jetzt Ihre frisch gekürzte Namensliste vor und führen Sie mit allen verbliebenen Namen einen schnellen Realitätscheck durch. Suchen Sie jeden Namen online und überprüfen Sie, ob es bereits Unternehmen gibt, die den Namen tragen, oder ob es online andere Assoziationen mit dem Namen gibt, wie etwa eine Apfelsorte oder einen Ort. Namen, die bereits eine bestimmte Bedeutung haben, müssen Sie aber nicht gleich ausschließen. Fragen Sie sich eher, ob die Verbindung für Sie positive, negative oder neutrale Gefühle weckt und ob Sie dies gut oder schlecht finden. Ist ein Name bereits an ein anderes Unternehmen vergeben, rate ich Ihnen eher dazu, den Namen ganz aufzugeben. Zwar ist nicht jeder Unternehmensname rechtlich geschützt und möglicherweise wird Ihre Marke deutlich bekannter als der kleine Familienbetrieb, den Sie online gefunden haben, dennoch kann es passieren, dass es zu Verwechslungen kommt oder Sie nicht schnell genug gefunden werden. Wenn Sie einen bereits geschützten Namen nutzen, kann dies womöglich sogar rechtliche Konsequenzen für Sie haben.

Nach diesem Zwischencheck entscheiden Sie sich nun für bis zu sechs Namen, die Ihren Anforderungen und Ihrem Stil am besten entsprechen. Auf der folgenden Seite können Sie Ihre Favoriten auf einen Blick mit allen Vorteilen erfassen. Bei dieser Liste handelt es sich jedoch um kein Ranking. Die Reihenfolge der Namen ist vorerst ganz egal und absichtlich nicht von 1-6 nummeriert. Haben Sie weniger als sechs Favoriten, ist das auch in Ordnung, jedoch sollten es mindestens vier Namen sein, damit Sie aus einer guten Vielfalt wählen können. Sind Sie sich schon an dieser Stelle sicher, welcher Name es werden soll, springen Sie zu Seite 65 und machen Sie weiter bei der Überprüfung des Schutzstatus.

Markenname A: ....

Positivargumente:

....

Markenname B: ....

Positivargumente:

....

Markenname C: ……………………………………………………

Positivargumente:

…………………………………………………………………………

Markenname D: ……………………………………………………

Positivargumente:

…………………………………………………………………………

Markenname E: ……………………………………………………

Positivargumente:

…………………………………………………………………………

Markenname F: ……………………………………………………

Positivargumente:

…………………………………………………………………………

Bei den folgenden beiden Übungen müssen Sie den Mut fassen, Ihre Idee mit anderen Menschen zu teilen. Wenn Sie sich nicht wohl damit fühlen, machen Sie nur die erste Übung, den Assoziationstest, und lassen Sie den Matching-Test weg.

Der Assoziationstest

Diese Variante ist besonders dann empfehlenswert, wenn Sie sich bezüglich Ihrer Geschäftsidee vorerst bedeckt halten möchten. In dieser Übung erzählen Sie nichts von Ihrer Geschäftsidee und beantworten auch keine Fragen, um Ihre Testpersonen möglichst nicht zu beeinflussen.

Zeigen Sie Freunden, Bekannten oder Verwandten die folgende Liste Ihrer Namensideen und fragen Sie sie, woran sie bei den jeweiligen Begriffen zuerst denken. Ob Sie die Personen einzeln befragen oder sie in einer kleinen Gruppe diskutieren lassen, ist nicht so wichtig, denn beide Versionen können zum Erfolg führen. Notieren Sie die Antworten schlagwortartig unter dem jeweiligen Namen.

Wort A: ....

Assoziation:

....

....

Wort B: ....

Assoziation:

....

....

Wort C: ....

Assoziation:

....

....

Wort D: ....

Assoziation:

....

....

Wort E: ....

Assoziation:

....

....

Wort F: ....

Assoziation:

....

....

Der Matching-Test

Bei dieser Variante ist es notwendig, dass Sie Ihren Mitmenschen von Ihrer Geschäftsidee erzählen. Dabei müssen Sie nicht allzu sehr ins Detail gehen, wenn Sie nicht wollen, die grundlegenden Aspekte sollten Ihrem Gegenüber jedoch klar sein. Fragen Sie mindestens fünf Personen, welchen der infrage kommenden Namen sie für Ihre konkrete Unternehmensidee am passendsten finden und warum. Notieren Sie sich auch hier die Antworten kurz und knapp unter den Namen.

Wenn Sie beide Umfragevarianten für Ihre Namensliste durchführen wollen, achten Sie darauf, dass Sie dies mit unterschiedlichen Personen tun. Schließen Sie den zweiten Test mit dem gleichen Gegenüber direkt an den ersten Test an, haben sich bei Ihrer Testperson bereits Meinungen und Gefühle zu den Begriffen manifestiert, so dass sie nicht unvoreingenommen in die zweite Runde starten kann. Suchen Sie sich deshalb für beide Tests nach Möglichkeit andere Personen.

Name A: ....

Kompatibilität zum Unternehmenszweck:

....

....

Name B: ....

Kompatibilität zum Unternehmenszweck:

....

....

Name C: ....

Kompatibilität zum Unternehmenszweck:

....

....

Name D: ....

Kompatibilität zum Unternehmenszweck:

....

....

Name E: ....

Kompatibilität zum Unternehmenszweck:

....

....

Name F: ....

Kompatibilität zum Unternehmenszweck:

....

....

Nehmen Sie sich ein wenig Zeit, um die Eindrücke Ihrer Umfrageergebnisse sacken zu lassen. Nun haben Sie zwei, im besten Fall sogar drei verschiedene Meinungen zu Ihren Namensideen: Ihre eigene Meinung, die Wortassoziationen aus Testvariante eins und den Kompatibilitätscheck aus Testvariante zwei. Zu diesem Zeitpunkt ist es wahrscheinlich, dass Sie bereits einige Namensideen im Kopf gestrichen haben. Tun Sie das nun auch auf dem Papier und reduzieren Sie Ihre Favoritenliste auf drei Namen. Wenn Sie einen Top-Favoriten haben, schreiben Sie ihn an die erste Stelle.

1 ....

2 ....

3 ....

Gehen Sie mit Ihren drei Namensfavoriten nun die letzte Checkliste durch. Mit den letzten drei Zeilen können Sie noch warten, denn hierzu finden Sie auf den folgenden Seiten weitere Erläuterungen. Haken Sie ab, welche Bedingungen erfüllt sind:

	FAV 1	FAV 2	FAV 3
KONTEXT ZUR GESCHÄFTSIDEE	○	○	○
POSITIVE ASSOZIATIONEN	○	○	○
UNKOMPLIZIERTE AUSSPRACHE	○	○	○
EINDEUTIGE SCHREIBWEISE	○	○	○
MARKE NOCH NICHT GESCHÜTZT	○	○	○
WEB-DOMAIN VERFÜGBAR	○	○	○
SOCIAL MEDIA-PROFIL VERFÜGBAR	○	○	○

Schutzstatus ermitteln

Manchmal ist man überrascht, was für Markennamen die Leute sich so schützen lassen. Nur weil Sie noch nie von einem Unternehmen mit Ihrem Favoritennamen gehört haben, heißt das nicht automatisch, dass es diese Firma noch nicht gibt. Ein Blick in das Register des Deutschen Patent- und Markenamtes (zu finden unter https://www.dpma.de) bringt Ihnen schnell Klarheit. Dort können Sie online und kostenlos nach eingetragenen Marken suchen. Ist Ihr Wunschname bereits vergeben, müssen Sie sich wohl leider von ihm verabschieden.

Wenn Ihr Markenname hingegen noch verfügbar ist und Sie nun den grandiosen Geistesblitz hatten, ihn doch lieber schnell selbst schützen zu lassen, beachten Sie, dass es dafür bestimmte Regeln gibt. Nicht jeder beliebige Name kann als Wortmarke beim Deutschen Patent- und Markenamt registriert werden. Die beiden wichtigsten Kriterien dafür sind die Unterscheidungskraft und die freie Nutzung des Wortes für die Allgemeinheit. Um dies zu prüfen, kommt es immer auf den jeweiligen Kontext des Namens an. Möchten Sie beispielsweise Ihre neue Unterwäschemarke ganz klassisch »Dessous« nennen, fehlt die Unterscheidbarkeit zu anderen Dessousmarken. Darüber hinaus können Sie anderen Unterwäschelabels aufgrund Ihres Markenanspruchs nicht verbieten, das Wort »Dessous« für Ihre Zwecke einzusetzen, da es sich um ein geläufiges Wort in der Branche handelt. Planen Sie hingegen, Ihre Tauchschule »Dessous« zu nennen, sieht die Sache schon wieder ganz anders aus. Übrigens können Sie sich nicht nur die Wortmarken schützen lassen, sondern auch Bildmarken, Wortbildmarken oder sogar Werbeslogans.

Domainverfügbarkeit prüfen

Auch wenn Sie zu Beginn vielleicht nicht planen, sich einen Internetauftritt für Ihr Unternehmen zu erstellen, sichern Sie sich am besten schon am Anfang die Domain für Ihren Markennamen. Je nachdem, in welcher Branche Sie unterwegs sind, werden Sie früher oder später darauf zurückkommen wollen.

Ob Ihre Wunschdomain noch verfügbar ist, können Sie durch eine einfache Abfrage im Internet herausfinden. Nahezu jeder Anbieter von Domains bietet vorab einen kostenlosen Verfügbarkeitscheck an. Suchen Sie sich einfach einen Domainanbieter heraus und starten Sie die Abfrage.

Die Überlegung, ob eine .de, .com, .info oder sonstige Domain-Endung für Ihre Geschäftsidee sinnvoller ist, hängt auch von Ihrer Zielgruppe ab. Wer international agieren möchte, sollte eine entsprechende Domain besitzen. Sind Sie eher regional ausgerichtet, bieten sich möglicherweise auch Domains wie .berlin an. Mit dem Einfügen von Bindestrichen im Domainnamen verleihen Sie zwei oder mehr Wörtern eine bessere Lesbarkeit. Achten Sie aber darauf, dass der Name nicht zu lang wird und sich gut einprägen lässt. Wenn Ihr Markenname länger ist, kann es auch eine gute Idee sein, nur einen Teil davon als Domainnamen zu verwenden.

Ist die Domain Ihres Wunschnamens schon vergeben und es finden sich keine geeigneten Abwandlungsformen, überprüfen Sie, ob die Domain aktiv ist und wem sie gehört. Finden Sie dazu keine abrufbare Seite, steht die bereits verkaufte Domain dem Markt vielleicht wieder zur Verfügung und Sie können sie dem aktuellen Besitzer abkaufen. Denken Sie daran, dass ein solcher Abkauf wesentlich kostspieliger sein kann als der Erwerb einer neuen Domain. Je kürzer und geläufiger Domainnamen sind, desto teurer sind sie meistens, und desto wahrscheinlicher ist es, dass sie schon vergeben sind.

Social Media Profile erforschen

Abhängig von Ihrer Zielgruppe und Ihrer strategischen Ausrichtung planen Sie womöglich auch, sich in verschiedenen sozialen Netzwerken zu tummeln und dort mit Ihren Kunden oder Netzwerkpartnern auszutauschen. Bevor Sie den Social Media-Check machen, um zu sehen, ob Ihr Markenname als Profil bereits vergeben ist, empfiehlt es sich zunächst, den Fokus Ihrer geplanten

Aktivitäten einzugrenzen. Nicht für jedes Unternehmen ist es ratsam, auf sämtlichen Kanälen aktiv zu sein.

Apropos Aktivität. Bitte bedenken Sie, dass eine Profilleiche (also ein Konto, auf dem keine regelmäßigen und relevanten Inhalte geteilt werden) oft schädlicher für Ihr Image ist als überhaupt kein Profil. Überlegen Sie sich im Vorfeld, welche Kanäle für Sie zielführend sind. Anschließend können Sie sich beim Social Media-Check nur auf diese Kanäle beschränken. Gehen Sie nun zurück zur Checkliste auf Seite 65 und tragen Sie die letzten drei Zeilen nach.

Der Gewinner

Nachdem Sie auch Ihre letzten Kreuzchen gesetzt haben und sich nun schon einige Zeit lang mit der Namensfindung beschäftigen, steht *der eine* Name für Sie inzwischen sicher fest. Und falls nicht, entscheiden Sie sich jetzt.

Mein Markenname:

Schritt 5: Corporate Design – Alles im Blick

Erinnern Sie sich noch an Emil Pappel und sein Wahlplakat, das seinen Wählern einen ersten Eindruck von ihm vermittelt hat? Wer Ihre Marke nicht schon kennt, für den ist das Visuelle oft das erste, was er von ihr wahrnimmt. Deshalb spielt das Corporate Design bei der Markenbildung durchaus eine wichtige Rolle.

Jetzt, wo Ihre Leitlinie und der Name Ihrer Marke feststehen, ist es an der Zeit, ihr ein Gesicht zu geben. Natürlich im übertragenden Sinne, denn sie wollen sicher keinen Smiley als Logo (und wenn doch, nichts für ungut). Dies ist das Kapitel, auf das sich die Kreativen unter Ihnen sicher von Anfang an gefreut haben. Endlich geht es nach all der Schreiberei ein bisschen bunter zu, richtig? Warten wir's ab, vielleicht enden Sie ja bei einem Schwarz-Weiß-Design.

Bereiche des Corporate Designs

Anders als das kleine Intro es vielleicht vermuten lässt, umfasst das Corporate Design mehr als nur Ihr Markenlogo. Es geht um die gesamte visuelle Darstellung Ihrer Marke.

Neben dem Logo sollten sämtliche visuelle Kommunikationsmittel Ihrem Corporate Design entsprechen. Von der Unternehmenswebsite über die Produktverpackungen, Flyer, Visitenkarten und Firmenbriefe. Sogar das Laden- oder Bürodesign und die Arbeitskleidung können hinsichtlich des Corporate Designs mit unter die Lupe genommen werden, insbesondere dann, wenn Ihre Kunden diese Bereiche zu sehen bekommen. Ebenso zählen Merchandising-Artikel dazu, wenn Sie welche produzieren lassen möchten.

Es gilt, all diesen Bereichen ein einheitliches Aussehen zu verleihen. Das bedeutet jedoch keineswegs, dass alles identisch sein muss. Allerdings sollte man auf einen Blick erkennen, dass beispielsweise der Internetauftritt, die Visitenkarte und der Flyer zur gleichen Marke gehören.

Wie erreichen Sie das? Die drei wesentlichen Elemente des Corporate Designs umfassen das Farbkonzept, die Schriftart oder Schriftarten und die Bildsprache. Sind diese drei Punkte festgelegt, können Sie daraus Ihr Logo und sämtliche andere Designkomponenten entwickeln oder entwickeln lassen.

Ihrem Farbkonzept näherkommen

Farben nehmen oft viel Raum in unserem Leben ein. Fast jeder hat eine Lieblingsfarbe, bevorzugt bestimmte Töne für Kleidung, Sofa oder Auto. Es gibt berühmte Marken, die eng mit einer Farbe verbunden sind. Tatsächlich können Sie sich sogar eine spezifische Farbe für Ihre Marke schützen lassen. Doch bevor Sie losziehen und *Ihre* Farbe in Stein meißeln, möchte ich Ihnen ein wenig über die Wirkung von Farben erzählen.

Farben können Emotionen in uns auslösen. Das Forschungsfeld der Farbpsychologie beschäftigt sich mit der Wirkung von Farben auf unseren Geist und unsere Gefühle. Dabei kann die Wahrnehmung bestimmter Farben von Person zu Person verschieden sein. Ob ein Knallrot auf Sie aufheiternd wirkt, während es mich in einen Alarmzustand versetzt, hängt unter anderem von unseren persönlichen Vorlieben und Erfahrungen ab. Wissenschaftlich konnte man bisher nicht einmal nachweisen, dass wir Farben überhaupt gleich wahrnehmen. Ihr Rot sieht vielleicht ganz anders aus als mein Rot. Allein das Auftreten von

Farbwahrnehmungsstörungen wie einer Rot-Grün-Schwäche zeigt, dass wir Farben nicht immer identisch wahrnehmen.

Farben sind also etwas sehr Subjektives. Gleichzeitig versucht der Mensch gern, den Dingen eine Ordnung zu geben und sie zu analysieren. Aus diesem Grund gibt es zahlreiche Studien, die sich mit der Wirkung von Farben auf unsere Psyche befassen. Selbst wenn Ihr Rot anders aussehen sollte als meins, so scheint es bei einer Mehrheit von uns dennoch die gleichen Reaktionen hervorzurufen. Bei der Farbwahl für Ihre Marke kann es sinnvoll sein, diese generelle Wirkung vor Augen zu haben.

Bevor Sie tiefer in die Bedeutung der einzelnen Farben eintauchen, beginnen wir mit einem Vorbereitungstest. Blättern Sie zurück zu Ihren drei Lieblingskunden auf den Seiten 32 und 33 und rufen Sie sich in Erinnerung, wen Ihre Marke ansprechen soll. Haben Sie die drei Personen lebendig vor Ihrem inneren Auge? Sehr schön. Von welchen der folgenden Aspekte oder Werte würden sich diese Menschen besonders angesprochen fühlen? Kreisen Sie alles ein, was zutrifft.

DYNAMIK (a) (b) ELEGANZ (g) (h)

NATÜRLICHKEIT (d)

LEICHTIGKEIT (c) (h) STABILITÄT (e) (g)

LUXUS (f) (g)

HARMONIE (d) KREATIVITÄT (b) (f)

AKTIVITÄT (a) (b) VERTRAUEN (e)

LEBENSFREUDE (c) (d) VERFÜHRUNG (a) (f)

ZUVERLÄSSIGKEIT (e)

Nun zählen Sie die einzelnen Buchstaben, die hinter den von Ihnen eingekreisten Begriffen stehen. Wenn zwei Buchstaben hinter einem Wort stehen, bekommen beide jeweils einen Punkt. Wie viele Punkte erreichen die einzelnen Buchstaben a bis h?

(a) .... (b) .... (c) .... (d) ....

(e) .... (f) .... (g) .... (h) ....

In diesem Mini-Test steht jeder Buchstabe für eine bestimmte Farbe. Nachfolgend erfahren Sie, welcher Buchstabe welche Farbe repräsentiert und wie die allgemeine Farbwahrnehmung dieses Tons beschrieben wird. Vielleicht erhalten Sie so schon einen ersten Hinweis darauf, welche Farben oder Farbbereiche für Ihre Marke interessant sein könnten.

Keine Angst, wenn der Test ergibt, dass Gelb am ehesten zu Ihren Werten beziehungsweise den Werten Ihrer Zielgruppe passt, Sie bei Gelb aber immer an die fleckige Bluse Ihrer Großtante denken müssen, lassen Sie das Gelb links liegen. Die Auswertung des Farben-Tests dient Ihnen nur zur Anregung.

Die gängige psychologische Wirkung von Farbtönen entspricht den folgenden Ansichten:

(a) Rot: Der knallige Ton ist eine Signalfarbe. Rottöne werden als dominant, dynamisch, verführerisch und aktiv wahrgenommen, können aber auch aggressiv, wütend oder billig wirken (denken Sie nur an die vielen »Sale«-Sticker während besonderer Aktionszeiträume). Im Markendesign spricht Rot eher eine laute, junge Zielgruppe an.

(b) Orange: Eine auffällige Farbe, die jedoch nur selten zu den Lieblingsfarben der Menschen gehört. Sie wirkt energetisch, aktivierend und wärmend, kann jedoch auch als billig und aufdringlich empfunden werden.

(c) **Gelb:** Diese leuchtende Farbe wird wie Rot ebenfalls oft als Signalfarbe eingesetzt, erscheint insgesamt jedoch fröhlicher. Gelb ist die Sonnenfarbe und vermittelt Heiterkeit und Leichtigkeit (vielleicht deshalb von Großtanten als Blusenfarbe so beliebt). Durch die Tierwelt und Kennzeichnungen in unserem Alltag wird mit Gelb allerdings auch Gift oder Gefahr assoziiert. Einige empfinden die Farbe ebenso wie Orange als aufdringlich. Marken mit gelbem Logo werden von den Kunden oft als besonders kommunikativ eingeschätzt.

(d) **Grün:** Diese Farbe erscheint uns in der Natur in all ihren Facetten am häufigsten und wirkt deshalb sehr harmonisch und ausgleichend. Oft wird ihr eine positive und natürliche Bedeutung beigemessen. Auf der anderen Seite wird Grün manchmal auch mit Unerfahrenheit oder Langeweile verbunden. Aktuell wird eine grüne Unternehmensfarbe verstärkt mit Nachhaltigkeit und Umweltbewusstsein assoziiert.

(e) **Blau:** Dies ist die Lieblingsfarbe der meisten Menschen. Sie steht für Zuverlässigkeit, Vertrauen und Stabilität. Kein Wunder also, dass so viele seriöse Unternehmen Blau ins Firmendesign aufnehmen. Der häufig verwendete Ton kann jedoch auf manche auch emotionslos und langweilig wirken, vielleicht auch gerade weil man ihn eher bei klassischen Marken findet.

(f) **Violett:** Ein eher weiblicher und luxuriöser Farbton, der mit Kreativität, Fantasie und Spiritualität in Verbindung gebracht wird. Violetttöne werden eher von Firmen mit verspieltem Sortiment verwendet. Auf einen tendenziell ernsten Kundenstamm kann die Farbe zu flatterhaft und unsicher wirken.

(g) **Schwarz:** Der satte, unbunte Farbton wirkt seriös, elegant und sachlich. Nicht umsonst haben etliche sehr erfolgreiche Unternehmen ein reines Schwarz-Weiß-Logo. Je mehr Anteil Schwarz im Logo vorhanden ist, desto düsterer und bedrückender kann es allerdings auch erscheinen.

(h) **Weiß:** Auch Weiß ist streng genommen keine Farbe, sondern sogar die Abwesenheit davon. Reinheit, Helligkeit und Eleganz werden damit verbunden, sie kann allerdings auch zu steril und abweisend wirken. Wie bei Schwarz kommt es hier auf das Verhältnis von Weiß zu den anderen eingesetzten Farben an.

Dazwischen gibt es noch etliche weitere Farbtöne, von Türkis über Pink, Weinrot, Grau und Braun, die wieder jeweils für sich eine eigene Wirkung haben. Bei der Farbwahrnehmung können Sie sich aber ganz gut an den Grundtönen orientieren und für Ihre Mischfarbe einen Mix der verwandten Farben annehmen.

Speziell bei der Farbwahl, aber auch bei der Wahl bestimmter Motive für Ihr Logo oder andere Bildelemente, ist es darüber hinaus wichtig im Hinterkopf zu behalten, in welchem Kulturkreis Sie aktiv sind oder sein wollen. Auf dem deutschen Markt gilt Schwarz beispielsweise als Farbe der Trauer, während in vielen asiatischen Ländern Weiß die Farbe der Trauer ist. Auch bestimmte Blumen, Tierarten und andere Dinge können je nach Kulturkreis sehr unterschiedliche Bedeutungen haben.

Nun haben Sie schon eine etwas konkretere Idee davon, welche Farben zu Ihrer Marke passen könnte. Eine weitere Übung soll Ihnen dabei helfen, zu entscheiden, welche Farbfamilie und welche Nuancen besonders gut zu Ihnen passen.

Stellen Sie sich vor, Ihre Marke wäre ein echter Mensch mit Träumen und Sorgen. Aus diesem Gedankenspiel heraus beantworten Sie den folgenden Fragebogen.

WENN MEINE MARKE EIN MENSCH WÄRE, ...

... WO WÜRDE SIE LEBEN?

A) AM MEER
B) IN DER STADT
C) IN DEN BERGEN
D) AUF DEM LAND

... WELCHEN DUFT WÜRDE SIE MÖGEN?

A) ZIMT
B) ZITRONE
C) PFEFFERMINZE
D) KIEFER

... WAS WÜRDE SIE AM WOCHENENDE TUN?

A) ESSEN GEHEN
B) PARTY MACHEN
C) ARBEITEN
D) LESEN

... WELCHEN SPORT WÜRDE SIE GERN MACHEN?

A) JOGGEN
B) SALSA TANZEN
C) SKI FAHREN
D) AQUAFITNESS

... WELCHEN KLEIDUNGSSTIL HÄTTE SIE?

A) ROMANTISCH
B) MODERN
C) PROFESSIONELL
D) SPORTLICH

Zählen Sie nun, wie oft sie die jeweiligen Antworten A, B, C oder D gegeben haben. In der folgenden Auflösung können Sie nachlesen, was das für Ihre Farbauswahl bedeutet.

Überwiegend A: Warme Farben

Zu Ihrer Marke passen vermutlich eher wärmere Farbtöne. Gelb, Orange und Rot sind die Klassiker der warmen Farben. Doch was ist, wenn Sie beim ersten Farbtest Grün und Schwarz als Ergebnis hatten? Auch vermeintlich kühle Farben können in einer warmen Nuance genutzt oder mit einer warmen Farbe kombiniert werden. Mischen Sie Ihrem Grün mehr Erdtöne, wie Ocker oder Braun hinzu, wirkt es wärmer.

Überwiegend B: Grelle Farben

Ihre Marke mag es schriller und vielleicht sogar bunter. Ein grelleres Farbkonzept erreichen Sie, indem Sie zwei oder sogar mehr kräftige Farben kombinieren. Doch auch mit nur einer Farbe können Sie diese Persönlichkeit Ihrer Marke hervorheben. Wählen Sie hierfür eine möglichst klare Farbe ohne Weiß- oder Schwarzanteil. Bei einem Rot würde dies ein kräftiges Knallrot bedeuten, im Gegensatz zum dunkleren Weinrot (mit Schwarzanteil) oder helleren Rosé (mit Weiß gemischt).

Überwiegend C: Kühle Farben

Bei diesem Testergebnis passen vermutlich eher kühlere Farben zu Ihrer Marke. Blau, Grün und Violett zählen dazu, doch auch ein Gelb- und sogar Rotton kann in der richtigen Nuance kühl wirken. Mischtöne wie Pink oder Türkis erscheinen ebenfalls kühler, je mehr Blau- und Grünanteil sie enthalten und je weniger Rot beigemischt ist.

Überwiegend D: Gedeckte Farben

Ist dies Ihr Testergebnis, passen vermutlich die sanfteren Töne zu Ihrer Marke. Im Gegensatz zu grellen Tönen können gedeckte Farben erschaffen werden, wenn Sie Schwarz- oder Weißanteile hinzumischen. Einige Farben, wie Erdtöne, sind von sich aus schon eher zurückhaltend und brauchen womöglich keine zusätzliche Reduzierung ihrer Intensität.

Richten Sie Ihr Augenmerk nun auf den Zweitplatzierten Ihres Testergebnisses. Welcher Buchstabe hat die zweitmeisten Punkte? Möglicherweise erhalten Sie dadurch einen weiteren Hinweis, in welche Richtung Ihr Farbkonzept sich entwickeln kann. Es ist visuell ein großer Unterschied, ob Sie beispielsweise grelle, warme Farben nutzen oder gedeckte warme Farben. Gleiches gilt für die kühleren Töne.

Vielleicht haben Sie gar nicht einen klaren Sieger, sondern zwei? Super, dann können Sie direkt mit diesen beiden Farbfamilien arbeiten. Doch auch wenn Sie kein eindeutiges Ergebnis ablesen können, haben Sie nun hoffentlich ein etwas besseres Gefühl dafür, in welche Richtung es bei Ihrer Farbgestaltung geht.

Sie finden die Farbwahl unglaublich schwer und wollen einfach zu Ihren eigenen Lieblingsfarben greifen? Schließlich müssen die Farben ja Ihnen gefallen, denn Sie sehen sie jeden Tag, oder? Dieser Gedankengang ist nachvollziehbar. Jedoch sollten Sie diesem Impuls nur dann nachgehen, wenn Sie zu 100 % selbst Ihre Marke sind oder Sie hervorragend Ihre eigene Zielgruppe widerspiegeln. Beides ist eher selten der Fall. Natürlich können Sie sich bei der Farbwahl für Ihre Marke von Ihrem eigenen Geschmack leiten lassen. Überlegen Sie jedoch auch immer, welche Wirkung Ihre Marke auf Ihre Kunden und Partner haben soll und ob diese Farben und die Farbintensität diese gewünschte Wirkung bestmöglich transportieren.

Nun möchte ich, dass Sie sich mit diesem Wissen vier Lieblingsfarben für Ihre Marke aussuchen. Mein Tipp ist es, eine Mischung aus den vorangegangen Übungsergebnissen und Ihrem persönlichen Geschmack zu wählen. Schauen Sie sich an, welche drei oder vier Farben bei dem ersten Farbtest die meisten Punkte hatten. In diese Wahl lassen Sie nun die Ergebnisse des zweiten

Tests einfließen und verändern diese drei oder vier Farben hin zu wärmeren, kühleren, grelleren oder gedeckteren Nuancen – je nachdem, was der zweite Test Ihnen nahelegt. So wird aus einem Grün vielleicht ein Smaragdgrün, Türkis, Neongrün oder Tannengrün. Verändern Sie jede Farbe nur einmal, so dass Sie weiterhin bei drei oder vier Farben bleiben. Kommen bei diesem Schritt ein oder zwei Töne heraus, die Ihnen gar nicht gefallen, streichen Sie diese. Um insgesamt auf vier Farben für Ihr Farbkonzept zu kommen, ergänzen Sie die übriggebliebenen Farben um eine neutrale Farbe, wie Schwarz oder Weiß, oder eventuell um eine Ihrer persönlichen Lieblingsfarben. Voilà, Ihr Farbkonzept nimmt Formen an (im wahrsten Sinne des Wortes).

Malen Sie die folgenden vier Formen mit jeweils einer der Farben aus. Dabei müssen Sie gar nicht genau den Farbton treffen, den Sie sich vorstellen. Es geht nur um eine grobe Orientierung. Haben Sie keine bunten Stifte zur Hand, können Sie den Farbton auch einfach hineinschreiben. Welche Farbe Sie dabei in welche Form malen oder schreiben, spielt erst einmal keine Rolle, entscheiden Sie das ganz spontan.

Erste Lieblingsfarben:

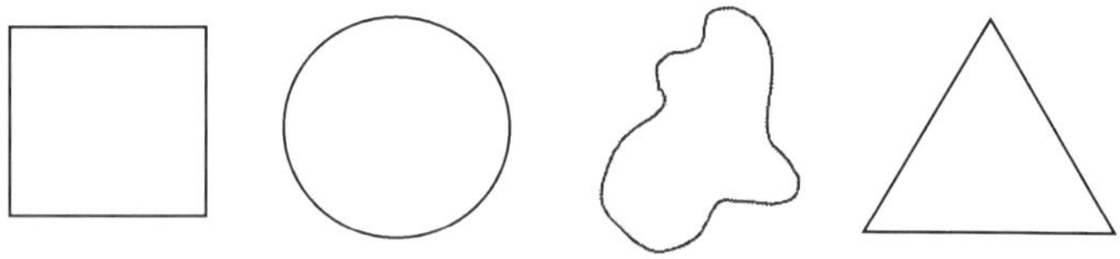

Wenn Sie es nicht ohnehin vorhatten, machen Sie doch jetzt eine kleine Pause. Brennen Sie darauf, sofort weiterzuarbeiten, dann bitte ich Sie zumindest, sich einen frischen Kaffee oder Tee aufzubrühen oder für fünf Minuten am Fenster die Sonne auf der Haut zu genießen.

Kontraste und Farbfamilien

Im besten Fall haben Sie einen Moment Abstand von den vorherigen Seiten genommen und Ihre Augen und Ihre Gedanken auf etwas anderes gelenkt. Dies hilft Ihnen dabei, Ihre Wahl mit einem klareren, frischen Blick zu beurteilen.

Nun betrachten Sie die vier Farben, für die Sie sich am Ende des vorangegangenen Kapitels entschieden haben, noch einmal genauer. Sind es eher ähnliche Töne, die zu einer Farbfamilie gehören, wie beispielsweise Blau, Violett und Flieder, oder ganz verschiedene Farben?

Meistens besteht das Farbkonzept einer Marke aus mehr als einer Farbe. Wie gut also, dass Sie bereits vier zur Auswahl haben! Häufig gibt es eine oder zwei Hauptfarben und eine oder zwei Begleitfarben. Die Hauptfarben sind dabei die vorherrschenden Farben Ihrer Marke und werden zum Beispiel als Hintergrund- oder Headerfarbe genutzt. Die Begleitfarben ergänzen die Hauptfarben und tauchen beispielsweise als Rahmen, Button oder sonstige Highlights auf. Das bedeutet nicht, dass Sie immer alle vier Farben verwenden müssen. Ihr Logo kann auch nur aus einer oder zwei dieser Farben bestehen. Dennoch ist es wichtig, dass alle Haupt- und Begleitfarben gut miteinander harmonieren. So können Sie sie nach Lust und Laune kombinieren, ohne dass Ihr Konzept zu chaotisch wirkt, und profitieren gleichzeitig vom Wiedererkennungswert.

Zurück zu Ihren ganz eigenen Farben. Wie Ihre Farben auf Ihre Kunden wirken, hängt auch davon ab, ob sie aus einer Farbfamilie stammen oder Komplementärfarben sind. Komplementärfarben sind Farben, die sich im Farbkreis gegenüberstehen und beim Mischen Schwarz ergeben. In der klassischen Farbenlehre von Goethe ist Blau komplementär zu Orange, Rot komplementär zu Grün und Gelb komplementär zu Violett. Das gegenteilige Extrem zu Komplementärfarben sind monochrome Farben. Dabei wird nur eine einzige Farbe genutzt und durch Helligkeit variiert. Das Ergebnis ist beispielsweise ein und dasselbe Blau in drei verschiedenen Schattierungen von hell, mittel und dunkel.

Welche der beiden Varianten eher zu Ihrer Marke passt, hängt wieder einmal auch davon ab, welchen Eindruck Sie erwecken wollen. Finden wir es heraus. Im Folgenden sehen Sie einige gegensätzliche Wortpaare. Kreisen Sie das Wort des Paares ein, das Sie mit Ihrer Marke eher verbinden.

TRADITIONELL	JUNG
LEISE	LAUT
GELASSEN	AUFREGEND
DEZENT	AUFFÄLLIG
SERIÖS	VERSPIELT

In welcher Reihe sind mehr Wörter markiert? Wahrscheinlich können Sie sich schon denken, dass die linke Spalte monochrome Farben beschreibt, während die rechte eher die Wirkung von Komplementärfarben widerspiegelt. Nun haben Sie eine zusätzliche Entscheidungshilfe dafür, ob eher komplementäre oder monochrome Farben für Ihre Marke infrage kommen.

Ein monochromes Farbkonzept erinnert mehr an gedeckte Farben, während ein komplementäres Konzept mehr an grelle Farben denken lässt. Dies muss jedoch nicht zwingend so sein. Sie können auch ein erdiges Orange und ein sanftes Dunkelblau als gedeckte, jedoch komplementäre Farben wählen. Auf der anderen Seite kann ein monochromer Verlauf von Pink sehr grell wirken, obwohl es sich nur um eine Farbe handelt. Bedenken Sie, dass Sie bei Komplementärfarben auch eine der Farben als Haupt- und die andere als Begleitfarbe einsetzen können, um Ihr Konzept noch ruhiger wirken zu lassen. Ich empfehle Ihnen, mindestens eine neutrale Farbe in Ihr Farbkonzept aufzunehmen, einen Weiß-, Schwarz-, Grau- oder Creme-Ton, den Sie jederzeit als Puffer einsetzen können. Bunt und schrill genug kann es auch mit den drei anderen Farben werden, wenn das Ihr Ziel sein sollte.

Bevor Sie sich gleich für Ihr Farbkonzept entscheiden, lassen Sie sich diese letzten Fragen durch den Kopf gehen:

? Mit welchen Farben identifiziert sich meine Zielgruppe am ehesten?

....

? Welche Farben nutzen Marken, die ein ähnliches Angebot haben wie ich?

....

? Will ich mich von diesen Mitbewerbern optisch abheben oder ähnlich wahrgenommen werden?

....

Nun wird es ernst. Malen Sie die folgenden Kästchen in den Farben aus, für die Sie sich entschieden haben, oder schreiben Sie die Farben hinein. In die großen Flächen links und rechts kommen jeweils die dominierenden Hauptfarben, in die kleineren Flächen in der Mitte die Begleitfarben.

Ärgern Sie sich auch hier nicht, wenn Sie nicht die perfekte Nuance Ihrer Wunschfarbe parat haben. Hier geht es nur um eine grobe Einschätzung, die Feinheiten überlassen Sie später Ihrem Grafiker (oder testen sie selbst aus).

Mein Farbkonzept:

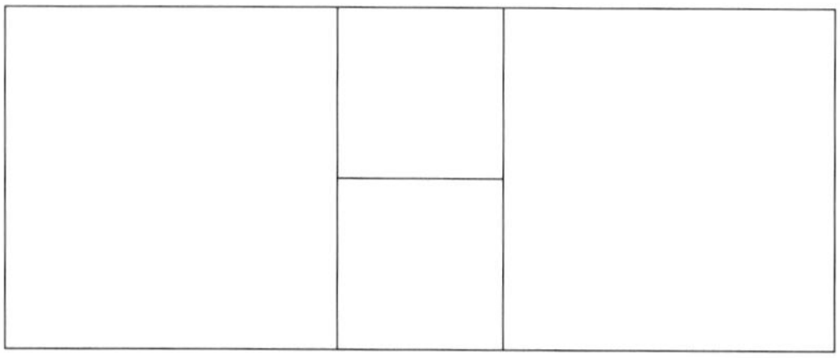

Memo: Aus technischen Gründen werden digitale Farben im RGB-System (**R**ot-**G**rün-**B**lau) dargestellt, während die Farben für Druckerzeugnisse im CMYK-System abgebildet werden (**C**yan-**M**agenta-**Y**ellow-**K**ey (Key=Schwarz)). Wenn Sie die Farben unkonvertiert übernehmen, können sie fahl und uneinheitlich wirken.

Konvertieren Sie deshalb Farben von RGB nach CMYK oder andersherum – je nachdem, ob Sie an einer Onlinepräsenz oder an einem Druckerzeugnis arbeiten. Eine Recherche im Internet hilft Ihnen bei der Suche nach einem passenden Programm schnell weiter – oder Sie übergeben die Aufgabe einem Profi.

Schriftarten

Vielleicht ist es Ihnen noch nicht bewusst aufgefallen, doch auch das Schriftbild prägt die visuelle Wahrnehmung einer Marke. Zu einem runden Designkonzept gehört es deshalb auch, die Schriftart festzulegen. Was beim Logo oder der Erstellung hochpreisiger Printmaterialien meistens ganz selbstverständlich ist, wird im Alltag bei der Erstellung von Website, Flyer oder Visitenkarte gern vergessen. Um ein einheitliches und damit leicht wiedererkennbares Markenbild zu erschaffen, sollten Sie die Schriftarten – auch Fonts genannt – deshalb ebenso festlegen wie Ihre Unternehmensfarben.

Wie viele verschiedene Fonts brauchen Sie? Wenn Ihr Logo aus einem Schriftzug, beispielsweise Ihrem Markennamen besteht, ist es üblich, hierfür eine eigene Schriftart zu verwenden, die ansonsten nicht im Markendesign auftaucht. Für Slogans, Untertitel oder zur Hervorhebung gezielter Passagen nutzen viele Unternehmen eine zweite Schriftart, die das Schriftbild des Logos stimmig ergänzt. Und schließlich brauchen Sie mindestens eine weitere Schriftart für Ihre Fließtexte. Diese umfasst alles, was Sie an Produktbeschreibungen, Über-uns-Texten und Infomaterialien erstellen. Wer mag und bei wem es ins visuelle Konzept passt, kann eine weitere Schriftart bestimmen, mit der beispielsweise in Fließtexten Überschriften, Infoblöcke oder Zusammenfassungen hervorgehoben werden.

In der Summe kommen Sie somit auf drei oder vier verschiedene Fonts – eine ähnliche Anzahl wie bei Ihrem Farbkonzept. Doch welche Schriftarten passen denn nun zu Ihrer Marke? Ich hoffe, Ihnen die Entscheidung mit den folgenden Abschnitten zu erleichtern.

Kleine Striche machen große Unterschiede

Grundsätzlich differenziert man zwischen Serifenschriften und serifenlosen Schriften. Der Text, den Sie gerade lesen, ist in einer Serifenschrift gedruckt. Als Serifen werden dabei die kleinen, meist geschwungenen Linien am Anfang und Ende eines Buchstabens bezeichnet. Fehlen diese Mini-Linien, handelt es sich um eine serifenlose Schrift.

Beispiel Serifenschrift	Glück
Beispiel serifenlose Schrift	Glück

Betrachten Sie das kleine l im Glück. Im oberen Beispiel hat es oben und unten einen zusätzlichen feinen Strich, der im unteren Beispiel fehlt. Diesen Strich entdecken Sie auch bei einigen anderen Buchstaben im Wort. Das sind die Serifen.

Für welchen Stil Sie sich entscheiden, hängt auf der einen Seite von Ihren persönlichen Vorlieben ab, andererseits gibt es auch einige grundlegende Aspekte, die man bei der Auswahl berücksichtigen sollte.

Serifenschrift ist die ältere der beiden Varianten, die deshalb oft klassischer wahrgenommen wird. Die feinen Linien am Anfang und Ende eines Buchstabens sorgen für eine optische Verbindung von Buchstabe zu Buchstabe und erleichtern dadurch den Lesefluss. Dies ist besonders bei längeren Texten angenehm fürs Auge, weshalb für die allermeisten Romane eine Serifenschrift gewählt wird. Die bekannteste unter ihnen ist vermutlich Times New Roman, die übrigens für den Zeitungsdruck entworfen wurde.

Serifenlose Schriften wirken hingegen jünger und klarer. Sehr klein gedruckte Schriften oder Texte mit geringer Auflösung profitieren von dieser Klarheit, da keine zusätzlichen Anhängsel stören. Arial ist wohl der Klassiker unter den serifenlosen Fonts.

Neben den für die Textverarbeitung üblichen Schriftarten im **Druckschrift**-Stil (egal ob mit oder ohne Serifen) gibt es auch eine Reihe außergewöhnlicher Fonts. Schriften, die die *Schreibschrift* nachahmen, werden neben **künstlerischen** Schriften gern als Hingucker verwendet. Beide Varianten sind weniger für lange Texte als vielmehr für das Logodesign, Überschriften oder den Namen auf Produktverpackungen geeignet und haben einen sehr starken Einfluss auf das Corporate Design. Doch aufgepasst, nicht jede Schriftart, die gefällt, darf auch bedenkenlos für alle Zwecke verwendet werden.

Aufs Urheberrecht achten

Wie bei Bildern und Texten unterliegen auch Schriftarten dem Urheberrecht. Das bedeutet, wer auch immer eine Font erschaffen hat (oder an wen die Rechte für diese Font verkauft wurden), trägt das Urheberrecht. Ein Verstoß gegen das Urheberrecht kann teuer werden, achten Sie deshalb bei der Wahl Ihrer Schriftart(en) darauf, dass sie entweder frei nutzbar ist – auch für kommerzielle Zwecke – oder dass Sie selbst kommerzielle Nutzungs- oder gar die Urheberrechte daran erwerben. Wenn Sie es ganz individuell und rechtssicher wollen, können Sie sich von einem Designer auch Ihre eigene Schriftart erstellen lassen.

Eine kurze Internetrecherche spuckt Ihnen schnell zwei bis drei Websites aus, auf denen Sie kommerziell nutzbare Schriftarten mit freier Lizenz legal herunterladen können. Einige dieser

Seiten bieten Ihnen sogar die Möglichkeit, Ihren Markennamen oder Fließtext in den unterschiedlichen Fonts auszuprobieren, bevor Sie sie herunterladen und installieren.

Da es inzwischen unzählige Fonts auf dem Markt gibt, ist eine Auswahlübung mit verschiedenen konkreten Schriftarten kaum zielführend. Weil ich mir wünsche, dass Sie sich dennoch eine grobe erste Meinung darüber bilden, welche Art von Fonts Sie verwenden wollen, folgt nun trotzdem eine Übung dazu.

Ihren Fonts auf die Spur kommen

Auf der folgenden Seite sehen Sie drei Abschnitte mit unterschiedlichen Schriftarten. Der erste Abschnitt zeigt Beispielschriften für Ihr Logo, der zweite für Highlights, wie einen Werbespruch oder den Untertitel für Ihre Marke, und der dritte enthält Fonts für Ihre Fließtexte.

Blättern Sie zurück zu Seite 39 und lesen Sie sich noch einmal die fünf Adjektive durch, die Ihre Marke beschreiben. Rufen Sie sich gern auch die Beschreibung Ihres Schutzpatrons auf Seite 41 in Erinnerung. Die Übungen für Ihr Farbkonzept liegen noch nicht lange zurück, haben Sie auch diese im Hinterkopf. Ist Ihre Marke eher schrill oder zurückhaltend? Kumpelhaft oder professionell? Extravagant oder schlicht? Romantisch oder sachlich? Bevorzugen Sie Schriftarten, die die Eigenschaften Ihrer Marke ebenfalls verkörpern.

Je verschnörkelter eine Schrift ist, desto verspielter und unruhiger wirkt sie. Ausladende Bögen an einzelnen Buchstaben können romantisch, exzentrisch oder impulsiv erscheinen. Fette Linien muten entschlossener und lauter an als feine Linien, die eher dezent und klassisch wirken. Wenn es um die Wahl der Schriftart für Ihr Logo geht, erforschen Sie, wie sich die Wirkung Ihres Markennamens in den verschiedenen Schriften verändert.

Kreisen Sie in den drei folgenden Abschnitten nun die Fonts ein, die Sie sich für Ihr Logo, Ihre Highlights und Ihre Fließtexte am ehesten vorstellen. Sie können auch zwei oder drei Schriftarten einkreisen, wenn Sie sich eine Kombination davon wünschen. Wenn Sie möchten, machen Sie sich in den freien Linien darunter Notizen dazu, welche Aspekte der Beispielschriften Sie gern übernehmen möchten und welche nicht. Hier geht es um ein erstes Gefühl dafür, was Ihnen gefällt. Mit diesen Vorstellungen können Sie anschließend leichter auf die Suche nach Ihren eigenen Schriftarten gehen.

Fonts für Ihr Logo:

MARKE MARKE

Marke MARKE

MARKE Marke

Marke

MARKE Marke

MARKE Marke

Notizen: ....

Fonts für Ihre Highlights:

Slogan Slogan Slogan

Slogan Slogan

Slogan Slogan SLOGAN

Slogan Slogan Slogan

Notizen: ....

Fonts für Ihre Fließtexte:

Fließtext Fließtext Fließtext

Fließtext Fließtext Fließtext

Fließtext Fließtext

Fließtext Fließtext Fließtext

Notizen: ....

Haben Sie inzwischen eine Idee davon, welche Fonts zu Ihrer Marke passen? Nehmen Sie die Ergebnisse dieser Übung als Grundlage dafür, in Ihrem Textverarbeitungs- oder Grafikprogramm beziehungsweise im Internet nach Schriftarten zu suchen, die eine ähnliche Wirkung haben.

Bildsprache: Wenn Bilder reden können

Bilder sagen mehr als tausend Worte? Manchmal ist da etwas Wahres dran. Im besten Fall wird ein Kunde Ihre Marke auch (oder sogar nur) an Ihren Bildern erkennen. Wenn alle Bilder Ihrer Website, Flyer, Apps und Co. harmonisch zueinanderpassen, dann haben Sie eine gelungene Bildsprache.

Ganz egal ob Sie Ihre Bilder selbst erstellen, produzieren lassen oder auf Stockmaterial zurückgreifen, vor dem ersten Klick sollten Sie sich Gedanken über Ihre Bildsprache machen. Denn eine lebendige Marke profitiert weder von 08/15-Bildern noch von einer Bildsprache, die nicht zu ihr passt.

Mit Bildern haben Sie die Macht, bei Ihren Kunden Gefühle auszulösen. Nutzen Sie diese Macht und wecken Sie Emotionen. Fokussieren Sie sich dabei auf möglichst wenige, möglichst positive Emotionen. Wenn Sie über eine längere Zeit erfolgreich auf dem Markt sind, assoziieren Ihre Kunden die durch die Bilder hervorgerufenen Emotionen irgendwann automatisch mit Ihrer Marke. Das ist auch schon der ganze Trick.

Auch bei Produkten oder Dienstleistungen, bei denen man zunächst an schwere oder negative Emotionen denkt, sollten Sie die Bildsprache positiv gestalten. Lassen Sie mich dazu ein Beispiel geben. Angenommen, Sie suchen einen Onlinekurs zur Bewältigung Ihrer Flugangst. Würden Sie ein Programm buchen, das mit einem im Flugzeugsitz kauernden Menschen wirbt, der seine Hände in die Armlehnen krallt? Oder würde Ihnen ein Kurs zusagen, auf dessen Website eine Person mit entspanntem Lächeln im Flieger sitzt? Eben. Wenn Sie mit Ihrem Angebot ein Problem für Ihre Kunden lösen, präsentieren Sie besser die Lösung, nicht das Problem.

Wie schaffen Sie es nun, eine gelungene Bildsprache zu komponieren? Bleiben Sie bei einem Stil. Achten Sie darauf, dass Perspektive, Schärfe, Helligkeit, Farbintensität, Kontrast und Farbtemperatur auf allen Bildern möglichst ähnlich sind. Passen Sie außerdem auf, dass Ihre Bilder nicht zu überfüllt sind, besonders, wenn Sie noch Text darauf unterbringen wollen. Im besten Fall transportieren Ihre Bilder auch ganz ohne Text oder Untertitel die Botschaft, die Sie senden möchten. Werden Sie unbedingt bei Bildern stutzig, die mit einem anderen Text einen komplett anderen Inhalt vermitteln können. Diese Bilder haben keine starke eigene Botschaft und sind meistens beliebig austauschbar.

Bildern, auf denen Menschen zu sehen sind, sollten Sie besondere Aufmerksamkeit widmen. Wenn ein Kunde auf Ihrer Website auf ein Gesicht stößt, entscheidet er instinktiv, ob der abgebildete Mensch ihm sympathisch ist oder nicht – und damit auch, ob Ihr Unternehmen ihm sympathisch ist. Eine Website ganz ohne Gesichter ist allerdings auch nicht die Lösung, denn Menschen machen eine Marke, nun, menschlicher. Keine Sorge, für sympathische Fotos müssen Sie keine Models engagieren. Ganz im Gegenteil wirken Gesichter meistens ansprechender, je authentischer sie sind.

Zu guter Letzt folgt noch ein Geheimtipp: Vermeiden Sie eine Bildsprache, die der Bildsprache Ihres bekanntesten Wettbewerbers zu sehr ähnelt. Sieht ein potentieller Kunde dann beispielsweise Ihren Instagram-Post, denkt er automatisch an Ihre Konkurrenz und nimmt Sie als Alternative weniger wahr.

Also gut, werden wir nun konkreter. Neben der Farbenlehre schreibt man auch Formen eine unterschiedliche Wirkung zu. Runde Formen erzeugen zum Beispiel ein weicheres Bild als kantige Formen. Meistens gilt, je organischer eine Form ist, desto flexibler ist ihr Eindruck.

Erinnern Sie sich an die Übung zur Wahl Ihres Farbschemas, als Sie Ihre Lieblingsfarben in vier verschiedene Formen malen sollten? Blättern Sie zurück zu Seite 78 und rufen Sie die Gefühle ab, die die verschiedenen Formen und Form-Farb-Kombinationen in Ihnen ausgelöst haben.

Quadrat, Kreis, organische Form oder Dreieck. Notieren Sie die Formen hier spontan in der Reihenfolge, wie sie am ehesten zu Ihrer Marke passen könnten. Vertrauen Sie Ihrer Intuition.

1 ....

2 ....

3 ....

4 ....

Wie Farben haben auch Formen auf viele Menschen eine bestimmte Wirkung. Lesen Sie sich die vier Beschreibungen durch und horchen Sie in sich hinein, ob sich Ihre Formen-Favoriten durch dieses neue Wissen womöglich verändern.

Quadrate wirken besonders stabil und seriös, denn sie sind belastbar – Möbel und ganze Häuser beweisen uns das jeden Tag.

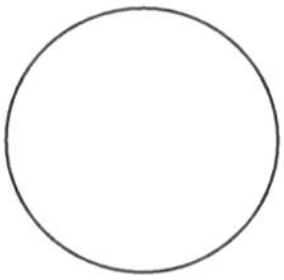

Ein Kreis strahlt Harmonie und Vollkommenheit aus: Yin und Yang, Sonne und Mond, der Ehering als Bund fürs Leben.

Organische Formen sind weich und anpassungsfähig. Unsere Umwelt ist voll von ihnen und auch wir Menschen gehören dazu.

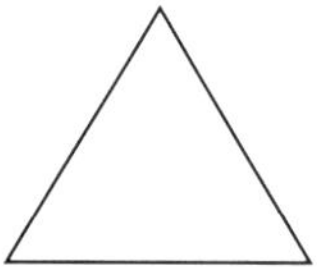

Das Dreieck wirkt dynamisch und wegweisend, wie eine Pfeilspitze. Es zieht Aufmerksamkeit auf sich, auch im Straßenverkehr.

Sind Ihre Formenfavoriten nun noch die gleichen wie vorher? Heben Sie Ihre aktuelle Lieblingsform in Ihrer Aufzählung farblich hervor und streichen Sie eventuelle Formen, die Sie seltener verwenden wollen. Es geht nicht darum, dass Sie bestimmte Formen komplett aus Ihrer Bildsprache streichen, das ist wahrscheinlich gar nicht möglich. Doch diese Übung hilft Ihnen dabei, in Ihren Bildern den Fokus auf die Formen zu legen, die Sie in den Mittelpunkt stellen wollen.

Nach der grundlegenden Frage der Formen kommen wir Ihrer Bildsprache mit der folgenden Übung in großen Schritten näher.

Stellen Sie sich die Bilder auf Ihrer Website, in Ihrem Produktkatalog – oder was auch immer Sie als Ihre Hauptplattform nutzen wollen – vor Ihrem inneren Auge vor. Was sehen Sie? Welche Atmosphäre haben die Bilder?

In der folgenden Liste stehen sich jeweils zwei mögliche Ausprägungsformen gegenüber. Unterstreichen Sie die Seite, die stimmiger für Ihre Marke ist:

STUDIOAUFNAHMEN	ODER	ALLTAGSBILDER
HELLERE BILDER	ODER	DUNKLERE BILDER
LEUCHTENDE FARBEN	ODER	GEDECKTE FARBEN
WARME FARBEN	ODER	KALTE FARBEN
GESAMTANSICHTEN	ODER	DETAILS
VOGELPERSPEKTIVE	ODER	AUF AUGENHÖHE
MENSCHEN ABBILDEN	ODER	KEINE MENSCHEN
PROFESSIONELL	ODER	SELBSTGEMACHT
ABSTRAKT (ILLUSTRATIONEN)	ODER	REALISTISCH (FOTOS)
ORGANISCHE FORMEN	ODER	KANTIGE FORMEN
MINIMALISTISCH	ODER	OPULENT

Nun haben Sie schon ein deutlich klareres Bild vom Stil Ihrer Bildsprache gezeichnet, wunderbar! Über die eigentlichen Bilder hinaus ist es sinnvoll festzulegen, welche Art von Bildern Sie verwenden möchten. Dazu kommen wir nun.

Kreuzen Sie jeweils an, welche Elemente Sie für Ihre Marke umsetzen wollen. Bedenken Sie dabei, dass Sie in der Lage sein sollten, die Bilder in guter oder sogar sehr guter Qualität liefern zu können. Beschränken Sie sich lieber nur auf Fotos, anstatt auf Biegen und Brechen Videos (Bewegtbilder) herzustellen, die unprofessionell wirken.

Kreuzen Sie Ihre Entscheidungen an:

? Videos verwenden (z. B. Produktvideos, Informationsvideos, Erklärvideos, Trailer-Videos):

Ja ○ Nein ○ Vielleicht später ○

? Animierte Videos verwenden (wenn ja, achten Sie auf einen einheitlichen Animationsstil):

Ja ○ Nein ○ Vielleicht später ○

? Piktogramme verwenden (das sind vereinfachte, stilisierte Bilder, z. B. ein Briefumschlag als E-Mail-Symbol):

Ja ○ Nein ○ Vielleicht später ○

? Infografiken verwenden (achten Sie auch hier auf einen durchgängigen Stil aller Grafiken):

Ja ○ Nein ○ Vielleicht später ○

Eine rundum passende Bildsprache zu erschaffen, braucht Zeit und Überlegung. Hetzen Sie nicht. Hier bietet es sich an, eine weitere Pause einzulegen. Wenn Sie die Muße haben, gönnen Sie sich eine wichtige Übung außerhalb dieses Buches und studieren Sie die Bildsprache verschiedener Unternehmen. Schauen Sie sich an, wie andere Marken in Ihrer Branche über Bilder kommunizieren, und betrachten Sie auch Unternehmen, die rein gar nichts mit Ihrer Marke gemeinsam haben. Im Laufe der Zeit erkennen Sie, was gut funktioniert und was nicht, welche Bilder in *Ihnen* positive Emotionen wecken, und welche Bildsprache in welcher Branche gängig ist.

Wenn Sie sich Ihrer Sache schließlich sicherer geworden sind, halten Sie in der folgenden Übersicht die Eckpfeiler Ihrer Bildsprache fest. Die Schlagwörter und Stichpunkte aus den vorangegangenen Übungen können Ihnen als Stütze dienen.

Die Bildsprache meiner Marke ist:

GENERELLE ATMOSPHÄRE

....

....

STIL DER BILDER

....

....

LIEBLINGSFORMEN

....

....

BEVORZUGTE PERSPEKTIVE

....

....

WEITERE NOTIZEN

....

....

Das kleine Logo-Brainstorming

»Ich möchte doch so gern endlich an meinem Logo arbeiten«, höre ich Sie denken. Wie könnte ich Ihnen diesen Wunsch bloß abschlagen? Doch bevor Sie sich in Ihre kreativen Ergüsse stürzen, gebe ich Ihnen einige Denkanstöße zum Logodesign mit auf den Weg.

Ein Logo sollte klar verständlich sein. Lassen Sie Ihre Kunden nicht herumraten, ob der Kreis mit dem schrägen Strich, den sie da gerade betrachten, eine Kaffeetasse mit Löffel oder eine Sonneneruption darstellen soll. Setzen Sie auf Eindeutigkeit. Außerdem sollte Ihr Logo zu Ihrem Unternehmen passen und vielleicht sogar das widerspiegeln, was Sie anbieten. Eine gelbe Blume ist zwar hübsch, aber wenig aussagekräftig und sogar irreführend, wenn Sie personalisierte Socken verkaufen.

Überlegen Sie außerdem, auf welchen Medien Sie Ihr Logo einsetzen wollen, und passen Sie es an Ihre Zwecke an. Wenn Sie jetzt schon wissen, dass Ihr Logo zahlreiche Kugelschreiber zieren soll, setzen Sie vermutlich andere Schwerpunkte, als wenn Sie ein überlebensgroßes Plakat für die Hauswand planen. Soll Ihr Markenname im Logo auftauchen oder wünschen Sie sich eine reine Bildmarke? In einer Wortbildmarke setzt sich das Logo – wie der Name schon sagt – aus einem Bild und dem Firmennamen zusammen. Dies ist ein möglicher Weg dafür, wenn Ihre Sockenfirma doch unbedingt eine Blume als Logo tragen soll (vorausgesetzt, Ihr Markenname weist Richtung Socken).

Nutzen Sie den folgenden Platz, um vier erste Logoideen spielerisch festzuhalten. Ich gebe Ihnen dazu ein paar Denkanstöße. Seien Sie nicht zu perfektionistisch, die Festlegung auf ein Logo braucht Zeit. Wenn Sie später mit Ihrem Designer oder auch selbst zur Verwirklichung Ihres Logos schreiten wollen, können Sie auf diese ersten Inspirationen zurückgreifen. Bevor Sie loslegen, blättern Sie einmal zurück zu Ihrer Farbauswahl auf Seite 82 und anschließend zu Ihren Lieblingsformen auf Seite 91. Wenn Sie nun Ihre Logo-Ideen zu Papier bringen, berücksichtigen Sie dabei Ihre Markenfarbe(n) und -form(en).

Und jetzt viel Spaß beim Skizzieren!

Logo-Idee 1:

Als Inspiration für Ihren ersten Logo-Entwurf blättern Sie bitte zu Ihrem Schutzpatron auf Seite 41. Wie würde ein Logo aussehen, das Ihren Schutzpatron aufgreift? Starke Vereinfachungen, Details und integrierter Text können es Ihnen leichter machen.

Logo-Idee 2:

Rufen Sie sich für Ihren zweiten Entwurf Ihre fünf Hauptadjektive von Seite 39 in Erinnerung, die Sie auch schon für Ihren Schutzpatron inspiriert haben. Wählen Sie das Wort, welches Sie am meisten anspricht, und versuchen Sie es grafisch darzustellen. So könnte »dynamisch« zum Beispiel als Welle symbolisiert werden oder »kommunikativ« als Sprechblase.

Logo-Idee 3:

Für diesen dritten Entwurf legen Sie entweder Ihren Markennamen oder Ihr tatsächliches Produkt zugrunde, und abstrahieren oder verbildlichen es. Viele Firmen nutzen solch ein Logo, denken Sie nur an Burger King, Firefox oder Apple.

Logo-Idee 4:

Hier ist Platz für Ihr Freestyle-Logo. Diesmal möchte ich Ihnen keinen Gedankenanstoß geben. Kritzeln Sie einfach drauf los. Vielleicht haben Sie sogar schon erste Ideen und der Platz reicht gar nicht aus. Falls Ihnen nichts einfällt und dieses Feld leer bleibt, ist das auch in Ordnung.

Schritt 6: Corporate Language – Ihr Sprachstil

Wie war das noch gleich, als Sie Emil Pappel im Radiointerview zum ersten Mal gehört haben? Passten seine Wortwahl, Ausdrucksweise und sein Tonfall gut in das Gesamtbild, das Sie von ihm hatten?

Wie Sie bereits wissen, bezieht sich die Corporate Language nicht nur auf das gesprochene Wort, sondern auch auf das geschriebene. Einerseits umfasst sie das Wording, also bestimmte Begriffe, andererseits auch die Tonalität, die Atmosphäre Ihrer Sprache. Deshalb ist es wichtig, dass Sie beides im Blick haben. In diesem Kapitel beschäftigen Sie sich damit, welchen Ton Ihre Marke anschlagen soll.

Mit einer gut durchdachten Corporate Language helfen Sie übrigens nicht nur Ihren Kunden dabei, Ihre Marke wiederzuerkennen und einzuordnen, sie kann auch im Kontakt mit Geschäftspartnern, Dienstleistern oder Ihren Mitarbeitern hilfreich sein. So lassen sich beispielsweise Missverständnisse vermeiden, wenn jeder das gleiche Wort für ein und dieselbe Botschaft nutzt.

So vielfältig die Einsatzmöglichkeiten auch sind, wollen wir uns in diesem Buch in erster Linie auf die Corporate Language Ihren Kunden gegenüber fokussieren. Sobald Sie Ihre Markensprache näher definiert haben, können Sie sie auf Ihrer Website, auf Produktverpackungen, bei Podcasts, und Co. einsetzen. Denken Sie daran, nicht nur das Design, sondern auch die Sprache sollte sich über alle verwendeten Kommunikationskanäle hinweg durchziehen.

Kommen Sie Ihrer Sprache näher

Erinnern Sie sich noch an Ihre drei Vorzeigekunden von den Seiten 32 und 33? Mittlerweile kennen Sie sie vermutlich in- und auswendig, so oft wie ich Sie dorthin zurückblättern lasse.

Stellen Sie sich nun vor, Sie sitzen in einem Café und genießen einen Eisbecher, und am Nachbartisch sehen Sie plötzlich genau Ihre drei Lieblingskunden. Was für ein Zufall! So unterschiedlich sie auch sein mögen, die drei amüsieren sich gerade blendend miteinander und schaufeln beim Reden saftigen Erdbeerkuchen in sich hinein. Sehen Sie das Bild vor Ihrem inneren Auge? Gut, dann spitzen Sie jetzt auch Ihre inneren Ohren. Denn Sie können es nicht lassen, den fröhlichen Kuchenessern bei ihrem Gespräch zu lauschen. Was hören Sie?

Welche Sprache sprechen die drei miteinander? Oder wechseln sie sogar zwischen mehreren Sprachen?

....

Worüber unterhalten sie sich?

....

....

....

Fallen Ihnen Wörter auf, die immer wieder fallen?

....

....

....

Wie würden Sie den Tonfall beschreiben, in dem die drei miteinander reden? Kreuzen Sie an, was ihnen eher entspricht. Können Sie sich nicht entscheiden, dann setzen Sie das Kreuz in die Mitte.

FÖRMLICH	○○○○○	SALOPP
EMOTIONAL	○○○○○	RATIONAL
FACHSPEZIFISCH	○○○○○	UMGANGSSPRACHLICH
BILDHAFT	○○○○○	ABSTRAKT
HUMORVOLL	○○○○○	TROCKEN

Hier haben Sie noch etwas mehr Platz, um persönliche Gedanken hinzuzufügen.

....

....

....

Nun haben Sie schon ein ungefähres Gespür dafür, wie Ihre Kunden sprechen. Überlegen Sie sich jetzt, welche Aspekte der Sprache Ihrer Kunden Sie aufgreifen wollen. Natürlich müssen Sie den Sprachstil Ihrer Kundschaft nicht kopieren. Damit sich Ihre Kunden von Ihnen angesprochen fühlen, kann es aber durchaus sinnvoll sein, einige Nuancen ihrer Sprache in Ihre Corporate Language einfließen zu lassen.

Am wichtigsten ist es natürlich, dass Sie überhaupt die gleiche Sprache wie Ihre Kunden sprechen. Das klingt banal, wird aber manchmal unterschätzt. Wenn Sie international tätig sind oder sein wollen, ist es vermutlich notwendig, Ihre Marke in verschiedene Sprachen übersetzen zu lassen. Sind Sie in mehreren Ländern aktiv, wollen aber nur eine Sprache nutzen, können Sie sich auch nur für Englisch entscheiden. Dabei fallen dann vielleicht die Kunden weg, die entweder kein Englisch können oder sich von einer englischsprachigen Marke nicht angezogen fühlen. Andererseits haben Sie deutlich weniger Arbeit und/oder Ausgaben, als wenn Sie auf mehrere Sprachen setzen. Da Sie dieses Buch auf Deutsch lesen, vermute ich, dass Sie entweder Deutsch als Ihre Corporate Language wählen oder vielleicht auf das internationalere Englisch zurückgreifen. Die meisten weiteren Tipps in diesem Kapitel zur Corporate Language beziehen sich auf Deutsch als Unternehmenssprache. Wenn Sie sich für eine andere Sprache entscheiden, können die Hinweise aber dennoch für Sie interessant sein.

Also, in welcher Sprache wollen Sie Ihre Marke aufbauen? Wenn Sie gleich mit mehreren Sprachen starten, definieren Sie eine Hauptsprache, mit der Sie Ihre Marke zunächst aufbauen, und übertragen Sie die Kernelemente Ihrer Corporate Language dann auf die andere(n) Sprache(n).

Meine Kernsprache: ....

Mögliche weitere Sprachen: ....

Entscheiden Sie als nächstes, ob Sie in Ihrer Sprache Wörter aus fremden Sprachen nutzen wollen oder nicht. Im Deutschen sind Anglizismen kaum mehr wegzudenken, so mancher stört sich jedoch auch am zunehmenden Verlust der deutschen Wörter und nutzt Kinderwagen statt Buggy, Oberteil statt T-Shirt und Rätsel statt Quiz. Geht es Ihnen (oder Ihren Kunden) auch so, können Sie sich bewusst gegen den Gebrauch von Anglizismen und Co. entscheiden. Je nach Branche, in der Sie tätig sind, lassen sich bestimmte (englische oder anderssprachige) Fachbegriffe jedoch nicht vermeiden – sonst wissen Ihre Kunden am Ende gar nicht, wovon Sie eigentlich sprechen.

Will oder werde ich Anglizismen oder andere fremdsprachige Wörter verwenden?

Ja ◯ Nein ◯ In Ausnahmen ◯

Wie sprechen Sie Ihre Kunden an?

Kommen wir zu einer weiteren Entscheidung, die Sie möglichst gleich zu Anfang der Definition Ihrer Corporate Language treffen sollten. Wollen Sie Ihre Kunden siezen oder duzen?

Haben Sie die Wahl hierfür nicht ohnehin schon getroffen, helfe ich Ihnen mit ein paar Gedanken auf die Sprünge. Kreisen Sie die Wörter ein, die Sie eher mit Ihrer Marke assoziieren.

SIEZEN IST ...	DUZEN IST ...
DISTANZIERTER	NÄHER
FÖRMLICHER	LOCKERER
PROFESSIONELLER	KUMPELHAFTER
ÄLTER	JÜNGER
BEI FIRMENKUNDEN GÄNGIG	BEI ENDKUNDEN GÄNGIGER

Fragen Sie sich außerdem, was in Ihrer Branche üblich ist. Und denken Sie darüber nach, ob Sie dem Gewohnten entsprechen oder lieber damit brechen wollen.

Darüber hinaus kann es Ihnen helfen, wenn Sie im Hinterkopf haben, auf welchen Kommunikationswegen Sie Ihre Kunden vorrangig erreichen. In den sozialen Medien wird überwiegend geduzt, auf Fachmessen ist das Sie häufiger anzutreffen.

Wie im gesamten Arbeitsbuch gilt: Seien Sie erbarmungslos ehrlich mit sich und Ihrer Marke. Niemandem (und schon gar nicht Ihnen selbst) ist geholfen, wenn Sie unbedingt locker flockig duzen wollen, weil man das »eben so macht«, aber ihre Kommunikation ansonsten eher förmlich und zurückhaltend ist. Andersherum kann ein aufgesetztes Sie einen Kunden verstört zurücklassen, dem sich Ihre Marke ansonsten als Kumpeltyp präsentiert. Gleiches gilt für die Beständigkeit Ihrer Entscheidung. Wenn Sie auf Instagram duzen (»Weil das da alle machen.«), aber auf Ihrer Website siezen, fragt sich der interessierte Instagram-Nutzer schon schnell einmal, ob er da auf der richtigen Seite gelandet ist (und andersherum).

Und, haben Sie sich entschieden?

Ich will meine Kunden ...

Duzen ◯ Siezen ◯

Den Wiedererkennungswert der Sprache steigern

Mit der Wahl einer (Landes-)sprache und dem Du oder Sie haben Sie schon einen guten Schritt zu einer einheitlichen Corporate Language geschafft. Nun gilt es jedoch, Ihrer Sprache den gewünschten Wiedererkennungswert zu verleihen. Das gelingt Ihnen, indem Sie sich auf einen Sprachstil festlegen und auch bestimmte Wörter oder Satzbausteine definieren, die Sie häufiger verwenden wollen.

Blättern Sie zurück zu Seite 103 und schauen Sie sich noch einmal an, wo Sie beim Belauschen Ihrer Kunden die Kreuzchen gesetzt haben. Wie oben bereits erwähnt, müssen Sie die Sprache Ihrer Kunden nicht eins zu eins kopieren, doch es versteht sich von selbst, dass eine humorvolle Zielgruppe sich von humorvollen Marken angezogen fühlt, während sich sehr förmlich sprechende Menschen von einer Marke mit saloppem Umgangston eher abgestoßen fühlen.

Entscheiden Sie nun, welche Spracheigenschaften Ihrer Kunden Sie auch für Ihre Marke umsetzen wollen. Haben Sie bei Ihren Kunden zwischen »emotional« und »rational« Ihr Kreuz ganz links gesetzt, bietet es sich an, auch Ihre Unternehmenssprache emotional zu gestalten. Liegt Ihr Kreuz genau in der Mitte zwischen »fachspezifisch« und »umgangssprachlich«, können Sie für diesen Punkt beispielsweise »populärwissenschaftlich« notieren – oder Sie lassen diese Skala bei der Definition Ihres Sprachstils ganz weg. Möchten Sie über die fünf Parameter hinaus weitere Eigenschaften zu Ihrem Sprachstil notieren, nur zu, schließlich erschaffen Sie hier Ihre ganz eigene Marke, da ist alles erlaubt. Sie müssen sich keineswegs an den von mir vorgegebenen Rahmen halten. Nun denn, zücken Sie Ihren Kuli.

Der Stil meiner Corporate Language ist:

....

....

....

....

Wunderbar, nun lassen Sie uns Ihren Sprachstil um einige konkrete Wörter verfeinern.

Ihr Produkt oder Ihre Dienstleistung wird ganz automatisch Ihren Wörterpool beeinflussen. Ein Mensch, der großflächige Gemälde verleiht, nutzt andere Wörter auf seiner Website als jemand mit einem mobilen Hundesalon. Doch auch zwei Inhaber verschiedener mobiler Hundesalons können sich unterschiedlich ausdrücken, obwohl Sie die gleiche Dienstleistung anbieten. Nennt sich der Shop Hundefriseur oder Hundecoiffeur oder Groomer? Werden die vierbeinigen Kunden als Hunde, Haustiere oder Wuffis bezeichnet? Ich denke Sie erkennen, worauf ich hinauswill.

Wählen Sie im Folgenden acht Begriffe aus, ohne die Sie Ihr Angebot keinem Kunden erklären können. Beim mobilen Hundesalon könnten dies beispielsweise Hund, Hausbesuch, Friseur, waschen, schneiden, pflegen, artgerecht und Fell sein. Statt einzelner Worte können Sie auch eine Wortgruppe notieren, die einen Begriff umschreibt, wenn Ihnen dies sinnvoller erscheint. Zerbrechen Sie sich noch nicht den Kopf darüber, welche konkreten Wörter Sie hierfür verwenden. Darauf kommen wir später zu sprechen.

Acht Kernbegriffe für meine Marke:

....

....

....

....

Wir kommen gleich darauf zurück, doch erlauben Sie mir zuvor einen kleinen Einschub.

Die Grundlagen lebendiger Sprache

Neben dem Stil und den Begrifflichkeiten, die Ihre Marke von anderen unterscheidet, gibt es eine Reihe universeller Tipps und Tricks, um eine Sprache lebendig zu gestalten. In erster Linie erreichen Sie dies mit einem gelungenen Fließtext, weshalb sich meine folgenden Tipps auf das Verfassen von Fließtexten bezieht. Bei Überschriften, Slogans und Co. gibt es teilweise eine andere Herangehensweise.

Ich plaudere hier für Sie etwas aus dem Nähkästchen, damit Sie – wenn Sie Ihre Texte selbst schreiben wollen – gut gerüstet sind. Auch wenn Sie das Texten einem externen Profi überlassen, hilft Ihnen dieses Wissen dabei, gute Texte zu erkennen und entsprechendes Feedback zu geben.

9 Tipps für eine leserfreundliche, lebendige Sprache:

1 Gliedern Sie Ihre Texte ansprechend (nutzen Sie je nach Medium Listen, Aufzählungen, Boxen, Zwischenüberschriften, Zitate und Co.).

2 Nutzen Sie eine angemessene Satzlänge (um die 20 Wörter pro Satz sind noch verständlich, darüber hinaus wird es meistens komplex).

3 Verwenden Sie die lineare Satzstruktur, wenn es keine triftigen Gründe dagegen gibt: Jede Information baut auf der vorherigen auf.

4 Drücken Sie sich positiv aus (statt »Sagen Sie Nein zu schlechtem Urlaub« lieber »Sagen Sie Ja zu erholsamem Urlaub«).

5 Ziehen Sie Verben den Substantiven vor (besonders Wörter mit den Endungen -keit, -heit, -ung und -ismus verlangsamen den Lesefluss).

6 Vermeiden Sie abgedroschene Phrasen, erfinden Sie lieber eigene Sprüche (Oder können Sie noch hören, dass die Grenzen allein Ihre Fantasie setzt?).

7 Nutzen Sie lieber aktive als passive Sätze (statt »Ihre Haare werden geschnitten« besser »Gönnen Sie sich einen Haarschnitt«).

8 Vermeiden Sie Superlative, nutzen Sie stattdessen authentische Adjektive und auch diese nur, wenn es wirklich sinnvoll ist.

9 Sprechen Sie verschiedene Sinne an (Wie duftet das Hundeshampoo? Wie zufrieden grunzt der Hund, wenn Sie ihn massieren?).

Schauen Sie sich diese Tipps ruhig immer mal wieder an, besonders dann, wenn Sie Ihre Unternehmenstexte selbst verfassen. Im besten Fall schaffen Sie es so, Ihre Kunden nicht nur über Ihre Marke zu informieren, sondern wecken gleichzeitig (positive) Emotionen bei ihnen. Emotionen bleiben besser im Kopf als blanke Fakten, genau dies macht sich der aktuell so erfolgreiche Trend des Storytellings zunutze.

Sollten Sie Ihre Texte einfach selbst verfassen? Schreiben kann schließlich jeder, oder? Nun ja, was fürs Design gilt, stimmt auch für den Text. Wer selbst talentiert ist und die Grafikprogramme beherrscht, kann wunderbar sein eigenes Logo erstellen. Wer nur Strichmännchen malen kann, engagiert besser einen Designer.

Und wer nicht sprachbegabt ist und Kommas auf gut Glück aufs Blatt rieseln lässt, sollte insbesondere die externe Kommunikation lieber einem professionellen Texter überlassen. Wenn das Geld knapp ist, kann man auch selbst schreiben und einen Lektoren engagieren.

Und, sind Sie ein Wortschöpfungsgenie oder eher nicht? Finden wir es mit der nächsten Übung heraus.

Die Vokabeln Ihrer Marke

Kommen wir nun zurück zu den acht Begriffen, ohne die Sie Ihr Angebot nicht beschreiben können. Manchmal ist das erste Wort, das einem in den Kopf kommt, das richtige. Manchmal aber eben auch nicht, und es gibt noch eine viel stilvollere, humoristische oder einfachere Möglichkeit, sich auszudrücken.

Die folgende Übung ist schnell erklärt: Schreiben Sie die acht Begriffe, die Sie zuvor als Kernbegriffe Ihrer Marke definiert haben, hier noch einmal hinter das Wort »Wort«. Nun aktivieren Sie Ihre grauen Zellen (oder ein Synonym-Wörterbuch im Internet) und suchen zu jedem dieser Begriffe möglichst zwei andere Ausdrucksmöglichkeiten, die Sie darunterschreiben.

Eventuell finden Sie zu einigen Wörtern nur eine oder auch gar keine Alternative, mit der Sie glücklich sind. Doch geben Sie nicht zu schnell auf. Im besten Fall haben Sie anschließend drei Auswahlmöglichkeiten für Ihre acht Kernbegriffe und können dann die Variante wählen, die am ehesten zu Ihrem geplanten Sprachstil passt. Markieren Sie Ihre Wahl am Ende mit einem Kringel oder Textmarker.

Und nun viel Spaß beim Wörtersuchen.

Wort ....

Synonym 1. .... 2. ....

Wort ....

Synonym 1. .... 2. ....

Wort ....

Synonym 1. .... 2. ....

Wort ....

Synonym 1. .... 2. ....

Wort ....

Synonym 1. .... 2. ....

Wort ....

Synonym 1. .... 2. ....

Wort ....

Synonym 1. .... 2. ....

Wort ....

Synonym 1. .... 2. ....

Firmenwörterbuch einführen

Die vorangegangenen acht Begriffe sind nur der Beginn Ihres Firmenwörterbuchs und sollen Ihnen beispielhaft erklären, wie Sie sich an die Wahl Ihrer Unternehmenssprache herantasten können.

Nehmen Sie sich ein leeres Notizheft oder öffnen Sie ein neues Dokument und schreiben Sie so viele relevante Begriffe für Ihre Marke auf, wie Ihnen einfallen. Wiederholen Sie anschließend die Synonym-Übung und legen Sie sich auf das für Sie passende Wort fest. So erstellen Sie nach und nach ein Wörterbuch für Ihre Marke, auf das Sie selbst, Ihre Mitarbeiter (zum Beispiel Kundenberater) oder auch Ihre Texter jederzeit zurückgreifen können. Überlegen Sie sich auch, welche Begriffe für Ihre Marke wichtig sind, die vielleicht nicht jeder sofort versteht. Besonders bei Fachwörtern kann es hilfreich sein, Ihrem Firmenwörterbuch einige Definitionen hinzuzufügen.

Feinheiten der Einheitlichkeit

Darüber hinaus können Sie in Ihrem Wörterbuch weitere sprachliche Regeln festlegen, um Ihre Unternehmenssprache dauerhaft einheitlich zu gestalten. Hier einige Denkanstöße, die Sie mit eigenen Angaben ergänzen können:

? Werden zusammengesetzte Wörter mit oder ohne Bindestrich geschrieben (Bürogebäudereinigung vs. Bürogebäude-Reinigung)?

Mit Bindestrich ○ Ohne Bindestrich ○

? Werden Fremdwörter oder Fachwörter optisch hervorgehoben (kursiv, fett)?

Hervorheben ○ Nicht hervorheben ○

Wenn ja, wie? ....

? Sind Abkürzungen erlaubt (zum Beispiel, z. B.)?

Abkürzungen ○ Keine Abkürzungen ○

? Werden Währungen ausgeschrieben oder mit einem Zeichen abgekürzt?

Ausschreiben ○ Abkürzen ○

? Werden Namen ausgeschrieben, wird der Vorname abgekürzt oder nur der Nachname verwendet (Julia Becker, J. Becker oder Frau Becker)?

Ausschreiben ○ Abkürzen ○ nur Nachnamen ○

Glückwunsch, nun sind Sie Ihrer Markensprache schon einen riesigen Schritt nähergekommen!

Die Corporate Communication im Blick haben

Ein gut ausgearbeitetes Markenwörterbuch ist auch im Rahmen der Corporate Communication hilfreich. Dieser Teil der Corporate Identity befasst sich mit einer einheitlichen Kommunikationsstrategie sowohl innerhalb des Unternehmens als auch nach außen. Die Corporate Communication soll in diesem Buch nur kurz angerissen werden, deshalb ist sie in das Kapitel zur Corporate Language eingebettet, obwohl es sich streng genommen um zwei unterschiedliche Bereiche handelt.

Mit einer sinnvollen und einheitlichen Unternehmenskommunikation können Sie die Motivation Ihrer Mitarbeiter fördern und die Mitarbeiterzufriedenheit erhöhen (intern), dauerhaft nützliche Kontakte mit der Presse und Influencern pflegen und sogar Ihr Image bei den Kunden verbessern (extern). Wichtig ist, dass Sie die jeweiligen Maßnahmen eine Zeit lang verfolgen, um Ihre Mitarbeiter, Partner und Kunden nicht zu verwirren.

Welche Kommunikationsmaßnahmen Sie ergreifen, hängt auch von der Größe Ihres Unternehmens und Ihren Ressourcen ab. Wer weder Zeit noch Geld hat, regelmäßig die Mitarbeiterzeitung herauszubringen, sollte lieber andere Wege wählen.

Zu den internen Maßnahmen gehören neben der klassischen Mitarbeiterzeitung auch der Newsletter, das Intranet, intern genutzte Messenger-Tools, Mitarbeiterversammlungen (wie beispielsweise Teammeetings und Videokonferenzen) und das schwarze Brett. Maßnahmen der externen Unternehmenskommunikation umfassen Pressemitteilungen, Pressekonferenzen, Kundennewsletter (gedruckt und digital), Social Media-Profile, Networking-Profile, Radio- und TV-Spots, ein Blog, ein YouTube-Kanal und Plakatwerbung. Auch Ihre Website gehört dazu. Diese Listen ließen sich noch ein paar Zeilen lang fortsetzen.

Wählen Sie Ihre Kommunikationsmaßnahmen mit Bedacht und bleiben Sie dann (vorerst) bei dieser Auswahl. Für eine gelungene Corporate Communication führen Sie die ausgewählten Maßnahmen regelmäßig, verlässlich und in hoher Qualität durch. Das bedeutet, für das Teammeeting einen festen Tag in der Woche zu bestimmen und ihm eine gute Struktur zu geben. Das bedeutet auch, Ihren Instagram-Kanal täglich mit nützlichem Content auszustatten. Ein Meeting, bei dem alle Anwesenden sich fragen, warum es überhaupt stattfindet, ist genauso schädlich für Ihr Markenimage wie ein Instagram-Account, der nur ein Profilbild vorweist.

Halten Sie hier fest, mit welchen Methoden Sie in den kommenden sechs Monaten arbeiten wollen. Später können Sie diese Liste beliebig erweitern oder verändern.

Meine internen Kommunikationsmaßnahmen:

....

....

....

....

....

....

Meine externen Kommunikationsmaßnahmen:

....

....

....

....

....

....

Schritt 7: Corporate Behaviour – Richtiges tun

Wissen Sie noch, wie Sie sich gefühlt haben, als Sie sahen, wie Emil Pappel beim Joggen die Müsliriegelverpackung aufs Feld warf, obwohl er sich in seinem Wahlkampf für den Umweltschutz stark machte?

So sympathisch er Ihnen ansonsten auch gewesen sein mag, Ihre Marke sollte in dieser Hinsicht kein Emil Pappel sein. Wenn Sie wirklich hinter Ihrer Corporate Philosophy stehen, dürfte Ihnen das Corporate Behaviour nicht wirklich anstrengend erscheinen. Fällt Ihnen im Arbeitsalltag dennoch auf, dass Sie mit dem passenden Verhalten für Ihre Marke Schwierigkeiten haben, schauen Sie sich noch einmal Ihre Corporate Philosophy an. Überdenken Sie, ob sie wirklich ausgereift ist. Es ist keine Schande, die Essenz Ihrer Marke neu zu definieren, wenn Sie unterwegs feststellen, dass Ihnen authentisches Handeln Mühe abringt.

Sie müssen dann auch nicht Ihre gesamte Unternehmensidee über Bord werfen. Häufig steckt der Störenfried in den Bereichen »Leidenschaft«, »Ziel« oder »Werte«. Ihre Kunden und Ihre Lösung, also Ihr Produkt oder Ihre Dienstleistung, bleiben gleich.

Und wie stellen Sie ein gelungenes Corporate Behaviour nun auf die Beine? Genau wie die Corporate Communication kann man das Corporate Behaviour in eine interne und eine externe Ebene aufteilen.

Das Miteinander innerhalb des Unternehmens

Das interne Corporate Behaviour umfasst in erster Linie, wie Sie mit Ihren Mitarbeitern umgehen und wie Ihre Mitarbeiter sich untereinander verhalten. Gibt es eine lockere Atmosphäre, in der auch der Chef geduzt wird? Oder wird auf Etikette geachtet und das Arbeitsklima ist eher professionell als freundschaftlich? Wie steil oder flach ist die Hierarchie?

Vielleicht haben Sie dazu schon eine feste Meinung, die auf Ihren eigenen Erfahrungen beruht. Vielleicht überlegen Sie aber auch noch, ob ein kumpelhafter Ton ohne Hierarchie wirklich das ist, was Sie wollen.

Eng verknüpft mit dem internen Corporate Behaviour ist übrigens die Corporate Culture. Die Unternehmenskultur umfasst alle geschriebenen und ungeschriebenen Regeln innerhalb der Firma. Auch die Rahmengestaltung des Miteinanders kann einen großen Einfluss auf Ihre Corporate Culture haben. Ist Homeoffice eine Möglichkeit? Gibt es eine Mitarbeiterkantine und einen Pausenraum? Oder steht irgendwo der berühmte Kickertisch umringt von Sitzsäcken?

Um sich Ihrem internen Corporate Behaviour zu nähern, heben Sie in der folgenden Übung die Konzepte hervor, die Sie für Ihr Unternehmen in Erwägung ziehen. Und wenn Sie noch keine Mitarbeiter haben oder sogar planen, nie Unterstützung einzustellen, denken Sie darüber nach, wie Sie mit sich selbst umgehen wollen. Als Alleinunternehmer sind Sie komplett auf Ihre eigenen Ressourcen und Reserven angewiesen und sollten damit ebenso sorgsam umgehen, wie Sie es mit einem Mitarbeiter tun würden.

Unterstreichen Sie, wie Sie das Miteinander innerhalb Ihres Unternehmens gestalten wollen (Denken Sie daran, Sie müssen nicht alle vermeintlichen Annehmlichkeiten ermöglichen, um ein guter Vorgesetzter zu sein! Es muss nur insgesamt stimmig für Sie, Ihre Marke und Ihre Mitarbeiter sein).

KICKERTISCH GLEITZEIT

ALLE DUZEN SICH SONDERURLAUBSTAGE

TIERE ERLAUBT ALLE SIEZEN SICH

DER CHEF WIRD GESIEZT

WASSERSPENDER

GEMÜTLICHER PAUSENRAUM

HOMEOFFICE-MÖGLICHKEIT

KOSTENLOSES OBST KAFFEEAUTOMAT

BETRIEBSAUSFLÜGE FIXE ARBEITSZEITEN

GEMEINSAME SPORTKURSE

Weitere Ideen für das interne Corporate Behaviour:

....

....

....

Das Unternehmensverhalten nach außen

Beim externen Corporate Behaviour gilt das gleiche Prinzip wie beim internen – und im besten Falle nehmen Sie beide gleich ernst. Öffentlichkeitswirksames Verhalten beeinflusst Ihr Markenimage vielleicht schneller und direkter, doch auch zufriedene oder unzufriedene Mitarbeiter wirken sich über kurz oder lang auf Ihre Marke aus.

Schauen wir uns also das öffentliche, direkt sichtbare Verhalten Ihres Unternehmens an. Wie gehen Sie mit Zulieferern um? Wie ist Ihre Kommunikation mit Ihren Kunden? Wie reagieren Sie auf Beschwerden? Arbeiten Sie mit Partnern zusammen, deren Ziele Sie teilen? Spenden Sie? Und wenn ja, an wen?

Die folgende Übung kennen Sie schon aus dem vorherigen Abschnitt. Markieren Sie hier alle Maßnahmen, die Sie für Ihr Unternehmen umsetzen möchten:

DAUERHAFTE KOOPERATIONSPARTNER

ZULIEFERER SIEZEN

SAISONALE AUFMERKSAMKEITEN

ZULIEFERER DUZEN

AUF UMWELTSCHUTZ ACHTEN

AN MESSEN UND EVENTS TEILNEHMEN

UNTERNEHMENSDRESSCODE

SOZIALES ENGAGEMENT

REKLAMATIONSMANAGEMENT

Noch mehr Ideen für das externe Corporate Behaviour:

....

....

....

Damit Sie möglichst viel Nutzen aus Ihren Buchnotizen ziehen können, wollen wir nun noch konkreter werden. Zwei nach außen sehr wirksame Verhaltensweisen, die Ihre Marke authentisch und lebendig machen, sind einerseits andere Firmen, Personen oder Institutionen, mit denen Sie zusammenarbeiten, und andererseits Veranstaltungen, die Sie besuchen oder sogar selbst abhalten.

Zugegeben, hierfür müssen Sie womöglich einiges an Gehirnschmalz aktivieren oder auch eine Zeit lang recherchieren. Möglicherweise fallen Ihnen aber auch prompt etliche Menschen ein, mit denen Sie Ihre Marke verknüpfen wollen. Finden Sie mindestens vier verschiedene Partner, die für eine Kooperation infrage kommen. Am besten eignen sich Personen, Unternehmen, Verbände oder Vereine, die Ihre Werte und Leidenschaften teilen. Denken Sie auch branchenübergreifend. Und denken Sie ruhig groß! Mit wem könnten Sie gemeinsame Sache machen, ein gemeinsames Produkt auf den Markt bringen, Gewinnspiele umsetzen oder ein Interview führen?

Mögliche Kooperationspartner:

....

....

....

....

Schauen Sie sich Ihre möglichen Kooperationspartner noch einmal genauer an. Was würden Ihre drei Vorzeigekunden von diesen Kooperationen halten? Brechen Sie in Jubel aus oder heben sie skeptisch die Augenbrauen?

Da Sie gerade so gut in Fahrt sind, machen wir die gleiche Übung auch für mögliche Events. Schreiben Sie bestenfalls mindestens vier Messen, Festivals, Kongresse und Co. nieder, auf denen Sie mit Ihrer Marke glänzen könnten. Und fragen Sie sich auch hier bei jedem einzelnen, was Ihre Kunden – sollten sie Sie zufällig auf diesem Event sehen – davon halten, Sie dort anzutreffen. Planen Sie ein eigenes Event, hat das hier ebenfalls seinen Platz (und schauen Sie gleich mal, ob Sie Ihre potentiellen Kooperationspartner auf Ihr Event einladen könnten).

Mögliche Events:

....

....

....

....

Und, nimmt Ihr Corporate Behaviour langsam Formen an? Wie alles in diesem Arbeitsbuch dienen Ihre Notizen dazu, später weiter auf Ihren ersten Ideen und Gedanken aufzubauen. Sie haben das Fundament Ihrer Marke ausgehoben, nun müssen Sie damit beginnen, den Bau zu realisieren.

Die nächsten Schritte: Actionsteps festlegen

Ich wiederhole mich ungern, aber: Gratulation! Sie haben dieses Buch gewissenhaft durchgearbeitet und halten somit den Grundstein Ihrer lebendigen, authentischen Marke in den Händen. Doch was tun Sie nun mit diesem Teilerfolg?

Damit Sie sich nicht zu lange auf Ihren Lorbeeren ausruhen, möchte ich Ihnen einige weitere Schritte an die Hand geben. Denn jede noch so gute Planung nützt nichts, wenn man sie nicht umsetzt.

Soweit es Ihr Budget zulässt, empfehle ich Ihnen außerdem, sich bei der Umsetzung professionelle Hilfe zu holen. Auch ein Haus bauen Sie nur selbst, wenn Sie Ahnung von den verschiedenen Gewerken haben. Sonst besteht die Gefahr, dass das Ganze eine ziemlich wacklige Angelegenheit wird. Seien Sie gnadenlos ehrlich mit sich selbst und schätzen Sie ein, was Sie gut können und was nicht. Und von den Dingen, die Sie gut können, was davon macht Ihnen noch dazu Spaß? Merken Sie sich diese Bereiche. Für alles andere holen Sie sich Unterstützung. Die externe Hilfe muss nicht immer ein teurer Freelancer oder gar eine Agentur sein (kann es natürlich, wenn Sie das möchten), fragen Sie talentierte Bekannte um Hilfe oder bieten Sie Ihre Leistungen als Tausch an. Werden Sie kreativ. Ich bin ein Fan davon, gute Arbeit auch gut zu entlohnen und als Freiberufler auch für Freunde gegen Geld zu arbeiten, doch wenn Ihr Sparschwein gerade eine Fastenkur macht, finden Sie sicher eine günstige Lösung.

Verschaffen Sie sich im Folgenden einen Überblick über die Zuständigkeiten und legen Sie fest, ob Sie die Aufgabe selbst übernehmen oder abgeben wollen. Ergänzen Sie auf den freien Zeilen am Ende Ihre weiteren individuellen Punkte.

	SELBST	ANDERE
FARBKONZEPT FINALISIEREN	○	○
BILDSPRACHE FINALISIEREN	○	○
LOGO ERSTELLEN	○	○
WEBSITE AUFSETZEN	○	○
GRAFIKEN/FOTOS ERSTELLEN	○	○
PRINTMATERIALIEN ERSTELLEN	○	○
MARKENLEXIKON VERFASSEN	○	○
TEXTE SCHREIBEN	○	○
SOCIAL MEDIA EINRICHTEN	○	○
....	○	○
....	○	○
....	○	○
....	○	○

Sie wissen selbst am besten, in welchen Bereichen Sie noch arbeiten müssen. Das gilt besonders für schon bestehende Marken, die nur überarbeitet werden sollen. Bei dem einen steht das Corporate Design vielleicht schon ganz gut fest, während die Corporate Language Neuland ist. Bei der nächsten liegt der Schwerpunkt auf dem Corporate Behaviour, denn Philosophie, Design und Sprache sind fix. Deshalb ist die folgende Tabelle inhaltlich sehr offen gehalten.

Priorisieren Sie die Aufgaben selbst so, wie Sie es für Ihre Markenentwicklung für sinnvoll halten. Dabei empfehle ich Ihnen, die zu erledigenden Aufgaben möglichst detailliert festzuhalten. Anstatt »Markendesign fertigstellen« wären also die Teilschritte »Designer finden«, »Designentwürfe finalisieren«, »für Design entscheiden«, »Designumsetzung Website« und »Designumsetzung Print« geeigneter. Günstig ist es, wenn Sie in die Aufgabenbeschreibung ein Verb integrieren. So wissen Sie auch später noch, was Sie tun wollten.

Setzen Sie sich realistische, aber nicht zu entspannte Deadlines. Führen Sie diese Liste in Ihrem Notizbuch oder auf dem Laptop oder Handy fort, wenn Sie mehr Platz brauchen.

AUFGABE	DEADLINE	NOTIZ	FERTIG
			○
			○
			○
			○
			○
			○
			○
			○
			○
			○
			○

Träumen Sie sich erfolgreich

Bevor ich Sie nun ganz der kribbelnden Vorfreude weiterer Schritte überlasse, möchte ich Sie abschließend dazu einladen, Ihre größten Wunschvorstellungen für Ihre Marke tagzuträumen. Welchen Erfolg sehnen Sie für Ihr Unternehmen herbei? Wenn alles möglich ist, was haben Sie mit Ihrer Marke in einem, drei, fünf und zehn Jahren erreicht?

An dieser Stelle möchte ich ausnahmsweise einmal nicht, dass Sie realistisch sind. Ich wünsche mir, dass Sie größenwahnsinnig werden! Wollen Sie im ersten Geschäftsjahr eine halbe Million Euro Umsatz erwirtschaften? Wollen Sie in drei Jahren in Ihrer Sparte Marktführer sein? Wollen Sie in fünf Jahren Ihre Branche komplett umgekrempelt haben? Wollen Sie in zehn Jahren ein börsennotiertes Unternehmen führen? Wollen Sie die Welt retten? Erlauben Sie sich, es aufzuschreiben.

In einem Jahr habe oder bin ich mit meiner Marke ...

....

....

....

....

In drei Jahren habe oder bin ich mit meiner Marke ...

....

....

....

....

In fünf Jahren habe oder bin ich mit meiner Marke ...

....

....

....

....

In zehn Jahren habe oder bin ich mit meiner Marke ...

....

....

....

....

Fühlt sich gut an, oder?

Was spricht dagegen, dass Sie Ihre Ziele genau so erreichen? Diese letzte Frage ist rhetorisch gemeint und verlangt ausnahmsweise einmal keine Antwort. Schreiten Sie in Ihrem eigenen Tempo voran und lassen Sie sich nicht von Menschen verunsichern, die weniger mutig, visionär oder optimistisch sind als Sie selbst. Viel Spaß dabei!

Schlusswort

Wahnsinn, Sie haben es gemeistert, das gesamte Arbeitsbuch zur Erschaffung Ihrer ganz eigenen lebendigen Marke durchzugehen. Jetzt können Sie schon ein wenig stolz auf sich sein! Und ich kann auch ein wenig stolz auf mich sein, denn ich habe Sie auf diesem Weg begleitet. Hach, wenn ich eine Superkraft besitzen würde, dann wäre es, mir alle handschriftlichen Notizen von Ihnen in diesem Arbeitsbuch durchzulesen, zu entdecken, was Ihre Idee ist und wie Sie sie umsetzen wollen. Und dann drei, fünf und zehn Jahre später zu sehen, was daraus geworden ist.

Doch ein bisschen kann ich meine Neugier vielleicht mit Ihrer Hilfe stillen. Wie fühlt sich Ihr Markenkonzept nun an, nachdem Sie alle Übungen dieses Buches geschafft haben? Wartet eine lebendige Marke darauf, ins Leben gebracht zu werden? Oder fehlt Ihnen noch etwas, damit es sich rund anfühlt? Schreiben Sie mir Ihr Feedback an mail@textwelten-becker.de und hinterlassen Sie mir eine Bewertung bei Amazon.

Herzlichen Dank!

Ihre

Printed in Germany
by Amazon Distribution
GmbH, Leipzig

26389285R00077